高等学校计算机信息技术基础课规划教材

信息技术应用基础实验教程

主编　吴长海　陈　达

中国医药科技出版社

内容提要

本书是配合《信息技术应用基础教程》一书编写的信息技术基础实践操作指导。本书内容全面、丰富，实践性强，是读者学习掌握计算机信息技术基础知识及基本操作知识的一本较好的学习辅导教材。

图书在版编目（CIP）数据

信息技术应用基础实验教程/吴长海，陈达主编 . —北京：中国医药科技出版社，2012. 10

高等学校计算机信息技术基础课规划教材

ISBN 978 - 7 - 5067 - 5642 - 6

Ⅰ . ①信…　Ⅱ . ①吴…　②陈…　Ⅲ . ①电子计算机 – 高等学校 – 教材　Ⅳ . ①TP3

中国版本图书馆 CIP 数据核字（2012）第 210406 号

美术编辑　陈君杞
版式设计　郭小平

出版　中国医药科技出版社
地址　北京市海淀区文慧园北路甲 22 号
邮编　100082
电话　发行：010 - 62227427　邮购：010 - 62236938
网址　www. cmstp. com
规格　787 ×1092mm $^1/_{16}$
印张　9 $^3/_4$
字数　191 千字
版次　2012 年 10 月第 1 版
印次　2014 年 2 月第 3 次印刷
印刷　北京金信诺印刷有限公司
经销　全国各地新华书店
书号　ISBN 978 - 7 - 5067 - 5642 - 6
定价　19. 00 元

本社图书如存在印装质量问题请与本社联系调换

编委会

前言 *FOREWORD*

随着社会的不断发展，计算机信息技术的应用已渗透到人类工作、生活的各个方面。为了满足不同程度的计算机信息技术应用基础学习者、应试者的需要，为进一步提高在校大学生计算机信息处理技术应用能力及水平，我们编写出版了《信息技术应用基础教程》一书，作为配套的实验指导及学习用书我们编写了本书——《信息技术应用基础实验教程》。

本教材为上机操作实验及指导，主要包括计算机操作基础、Windows XP 操作、Word 2003 文字编辑、Excel 2003 表格处理、PowerPoint 2003 演示文稿编辑、数据库实验、计算机网络基础实验及 VB 程序设计基础实验应用等几方面内容，是计算机信息应用技术基础学习中必须要掌握的一些基本操作。

本书在编写中还参照了全国计算机一级、二级等级考试大纲的基本要求，因而也是计算机等级考试中相关内容知识的参考用书。

本书内容全面，实践性强，是读者学习掌握计算机及信息技术基础知识、基本操作知识的一本较好的学习辅导教材。

由于作者水平有限，书中如有错误和不当之处，敬请读者批评指正。

编　者
2012 年 6 月

目录 *CONTENTS*

实验一 Windows 基本操作练习一

【实验目的】

（1）掌握鼠标的常用操作。

（2）掌握常用桌面图标的基本操作。

（3）掌握 Windows XP 基本窗口、菜单和对话框的操作。

【实验内容】

一、鼠标的常用操作

现在我们使用的鼠标以两键或三键为多，分左键和右键（及中键）。在 Windows XP 中鼠标有以下几种操作方法。

（1）单击左键（简称单击）按下左键后立即松开，单击用于选取对象。

（2）双击左键（简称双击）快速按两下左键再松开，双击用于打开文档或运行某个程序。

（3）单击右键按下右键后立即松开，在 Windows XP 中，单击鼠标右键的作用是弹出所选对象的"快捷菜单"。从"快捷菜单"中我们可以选择相应功能，这样可使我们的操作更方便、更快捷。

（4）拖动鼠标用鼠标指针点中对象（图标、窗口、文件等），按住左键不松手直接向某处移动，其作用主要是移动或拷贝文件（夹）。

二、桌面常用图标操作

（1）"我的电脑" 用鼠标双击桌面上"我的电脑"图标，出现"我的电脑"窗口。该窗口包含计算机的所有资源，即驱动器、控制面板和打印机等，可以在"我的电脑"中对这些资源进行管理及操作。

（2）"我的文档" 用鼠标双击桌面上"我的文档"图标，将显示"我的文档"窗口。该窗口为用户管理自己的文档提供了方便快捷的功能。

（3）"回收站" 用鼠标双击桌面上"回收站"图标，将显示"回收站"窗口。该窗口显示已删除的文件（夹）的信息。用户可以方便地从回收站恢复已经删除的文件到文件原来的目录中，也可在回收站中清除这些文件，真正地从磁盘上删除这些文件。

（4）"任务栏" 任务栏位于屏幕的最下面，其中包括以下内容。

①"开始"按钮单击"开始"按钮，将显示一个"开始"菜单，可以用来启动应用程序、打开文档、完成系统设置、联机帮助、查找文件和退出系统等功能。

②应用程序图标区在图标区左部放置一些常用的应用程序图标，用户可以直接单

击图标运行这些应用程序。在图标区右部用于显示正在运行的应用程序图标按钮，用户可以直接单击某个程序图标按钮来切换该程序为当前窗口。

③ 通知栏在任务栏的右端，显示一些提示信息，如当前时间、文字输入方式等。

三、窗口、菜单和对话框的基本操作

1. 窗口操作 Windows XP 常见窗口如图 1 – 1 所示。

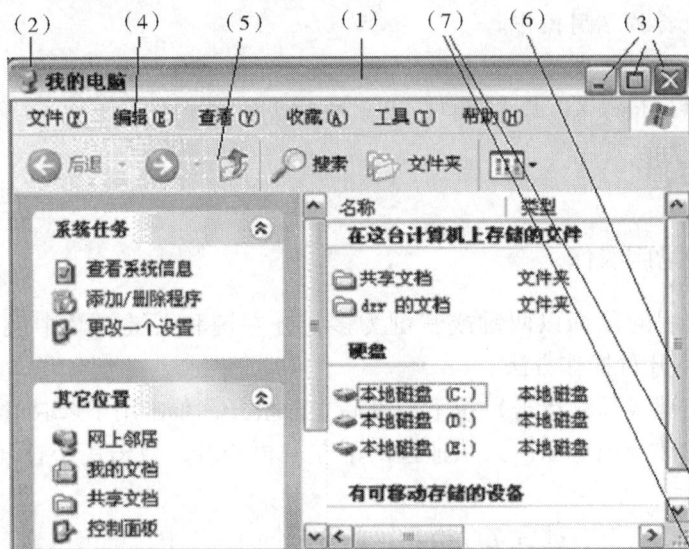

图 1 – 1　Windows XP 常见窗口

（1）标题栏显示窗口的名字。用鼠标双击标题栏可使窗口最大化；用鼠标拖动标题栏可移动整个窗口。

（2）控制菜单栏用鼠标单击控制菜单栏可打开窗口的控制菜单，实现窗口的恢复、移动、大小控制、最大化、最小化和关闭等功能。

（3）最大化/恢复、最小化和关闭按钮单击最小化按钮，窗口缩小为任务栏按钮，单击任务栏上的按钮可恢复窗口显示；单击最大化按钮，窗口最大化，同时该按钮变为恢复按钮，单击恢复按钮，窗口恢复成最大化前的大小，同时该按钮变为最大化按钮；单击关闭按钮将关闭窗口。

（4）菜单栏提供了一系列的命令，用户通过使用这些命令可完成窗口的各种操作。

（5）工具栏为用户操作窗口提供了一种快捷的方法。工具栏上每个小图标对应一个菜单命令，单击这些图标可完成相应的功能。

（6）滚动条当窗口无法显示所有内容时，可使用滚动条查看窗口的其他内容。滚动条分为水平滚动条和垂直滚动条，垂直滚动条使窗口内容上下滚动，水平滚动条使窗口内容左右滚动。以垂直滚动条为例：单击滚动条向上或向下的箭头可上下滚动一行；单击滚动条中滚动框以上或以下部分可上下滚动一屏；也可拖动滚动条到指定的位置。

（7）窗口边框和窗口角用户可用鼠标拖动窗口边框和窗口角来任意改变窗口的大小。

2. 菜单栏操作

（1）使用鼠标操作菜单单击菜单栏中的相关菜单项，显示该菜单项的下拉菜单，单击要使用的菜单命令即完成操作。

（2）使用键盘操作菜单有三种方法。

①按 Alt 键或 F10 键选定菜单栏；使用左右方向键选定需要的菜单项；按回车键或向下方向键打开下拉菜单；使用上下方向键选定需要的命令；按回车键执行命令。

②使用菜单中带下画线的字母，按 Alt 键或 F10 键选定菜单栏；按需要的菜单项中带下画线的字母键，打开下拉菜单；按需要的菜单命令中带下画线的字母键，选择执行该命令。

③使用菜单命令的快捷键，不需要选定菜单，直接按下对应命令的快捷组合键即可。

3. 对话框操作　对话框中常见的几个部件及操作如下。

（1）命令按钮直接单击命令按钮，则完成对应的命令。

（2）文本框用鼠标在文本框中单击，则光标插入点显示在文本框中，此时用户可输入或修改文本框的内容。

（3）列表框用鼠标单击列表中需要的项，该项显示在正文框中，即完成操作。

（4）下拉式列表框用鼠标单击下拉式列表框右边的倒三角，出现一个列表框，单击需要的项，该项显示在正文框中，即完成操作。

（5）复选框可多选的一组选项。单击要选定的项，则该项前面的小方框中出现"√"，表示选定了该项，再单击该项，则前面的"√"消失，表示取消该项。

（6）单选按钮只能单选的一组选项。只要单击要选择的项即可，被选中的项前面的小圆框中出现"·"。

（7）增量按钮用于选定一个数值。单击正三角按钮增加数值，单击倒三角按钮减少数值。

【实验操作】

1. 桌面常用图标操作

（1）双击桌面上"我的电脑"图标，打开"我的电脑"窗口。

（2）双击驱动器 C：的图标，浏览查看磁盘 C：上的文件和文件夹。

（3）单击窗口的关闭按钮，关闭"我的电脑"窗口。

（4）单击任务栏上"开始"按钮，打开"开始"菜单。

（5）单击"设置"选项，打开"设置"菜单。

（6）单击"控制面板"选项，打开"控制面板"窗口。

（7）单击窗口关闭按钮，关闭"控制面板"窗口。

（8）浏览查看"我的文档"中的内容。

（9）浏览查看"回收站"中的内容。

（10）打开（Windows XP）"帮助"窗口。

2. 窗口、菜单和对话框操作

（1）"记事本"程序

①单击任务栏上"开始"按钮，打开"开始"菜单；

②鼠标指向"所有程序"选项，打开"所有程序"菜单；

③鼠标指向"附件"选项，打开"附件"菜单；

④单击"记事本"选项，打开"记事本"窗口；

⑤拖动窗口标题栏，使窗口移至屏幕右下方；

⑥分别拖动窗口左边框和左上角，改变窗口的大小；

⑦双击窗口标题栏，使窗口最大化；

⑧单击恢复按钮使窗口恢复刚才的大小；

⑨单击"文件"菜单项，打开"文件"菜单；

⑩单击"页面设置…"菜单命令，打开"页面设置"对话框；

⑪单击"纸张"\"大小"列表框右边的倒三角按钮，打开下拉列表框；

⑫单击"A5 148×210 mm"项；

⑬单击"方向"\"横向"单选项；

⑭单击"确定"按钮，关闭对话框；

⑮单击"记事本"窗口的关闭按钮，关闭该窗口。

（2）"写字板"程序

①打开"附件"的"写字板"窗口；

②打开"文件"菜单的"页面设置"对话框；

③打开"查看"菜单的"选项"对话框；

④打开"格式"菜单的"字体"对话框；

⑤关闭"写字板"窗口。

（3）"画图"程序

①打开"附件"的"画图"窗口；

②移动窗口至屏幕的左上角；

③使窗口的大小约为屏幕大小的1/4；

④打开"图像"菜单的"属性"对话框；

⑤打开"颜色"菜单的"编辑颜色"对话框；

⑥关闭"画图"窗口。

实验二　Windows 基本操作练习二

【实验目的】

（1）熟悉 Windows XP 资源管理器。

（2）熟练掌握资源管理器中菜单、命令栏及属性窗口的一些基本操作方法。

（3）熟练掌握"资源管理器"中对文件、文件夹的基本操作，如文件复制、移动、删除等。

（4）掌握 Windows 中磁盘的基本操作。

（5）学习 Windows 附件工具"写字板"、"画图"的使用方法。

【实验内容】

文件及文件夹的管理是操作系统的主要内容。在 Windows XP 中，对文件及文件夹的操作管理主要是通过资源管理器来实现的。通过本实验，用户应能熟练掌握在资源管理器窗口中浏览查看文件及文件夹；应能熟练对窗口中的文件和文件夹进行各种操作，如选定、移动、复制、删除和重命名等；学习及掌握对磁盘的基本操作。

1. 资源管理器启动　启动"Windows XP 资源管理器"有两种方法：① 单击"开始"→"所有程序"→"附件"→"Windows 资源管理器"命令，进入资源管理器；② 用鼠标右键单击"开始"按钮，在打开的快捷菜单中单击"资源管理器"命令。

2. 资源管理器窗口　在资源管理器窗口中，用户能非常方便地建立和删除文件、文件夹；可以用多种方式将文件和文件夹在不同的磁盘驱动器、不同的文件夹之间复制、移动；利用工具栏按钮能方便快捷地在文件夹树状层次结构中进退自如；利用 Windows XP 自带的文件压缩/解压缩功能，可以很容易地将单个或多个文件、文件夹进行压缩和解压缩操作，其方便程度远高于众多的专用压缩软件。

资源管理器分为左右两个窗口。左窗口中用树型目录结构形式显示当前计算机中的磁盘驱动器及文件夹的层次结构。磁盘驱动器及文件夹名称前有图标"＋"号或"－"号时表示该磁盘或文件夹含有子文件夹。"＋"号表示含有的子文件夹结构未展开；"－"号表示含有的子文件夹结构已经展开。可以通过单击"＋"号或"－"号展开或折叠子文件夹。

右窗口中则显示当前磁盘驱动器或文件夹中的文件或子文件夹等内容。"当前磁盘驱动器或文件夹"是指在左窗口中被选中的磁盘或文件夹。

当前被选中的磁盘或文件夹呈高亮度蓝色背景显示。右窗口中显示的文件或子文件夹等内容有多种列表显示方式，各类文件都具有各不相同的图标形式以示区别。

3. 资源管理器窗口基本操作

（1）在左窗口中展开和折叠文件夹

① 在左窗口的文件夹结构中，单击 C：盘图标左边的"＋"号（小方格），方格内的"＋"号变为"－"号，同时，C 盘所属的下一级文件夹被展开；再次单击图标左边的"－"号，方格内的"－"号变为"＋"号，同时，C 盘图标下方的文件夹折叠收缩。

② 反复单击某些文件夹图标左边的"＋"或"－"号，观察该文件夹中的子文件夹在其下方展开和折叠收缩的情况，展开的内容中是否有文件对象；并观察右窗格中的内容有无变化、右窗格中的内容是哪个盘哪个文件夹中的内容。

首先展开 C：盘第一级文件夹（如果 C：盘图标左边的方格中已是"－"号，则表示已展开），移动左窗口的垂直滚动条，直到看见 Program Files 文件夹，单击 Program Files 文件夹图标，该图标变成展开状，同时，右窗口中显示出该文件夹中的子文件夹和文件（一般情况下，该文件夹中只包含子文件夹）。

③ 移动左窗口的垂直滚动条，直到看见 Windows 文件夹，将其展开，移动垂直滚动条，直到看见 Help 文件夹，单击该文件夹图标，右窗格中显示出该文件夹中的子文件夹和文件。

（2）查看文件夹内容单击工具栏中的"查看"按钮，打开一个下拉菜单。其中列出了五种文件的排列方法，略缩图、平铺、图标、列表和详细信息。如果设置了文件夹属性为"图片"显示方式，还将出现"幻灯片浏览"排列方法。

使用"详细信息"方式查看文件对象时，在右窗口可以显示文件对象的详细信息，包括文件的名称、大小、类型和修改时间等内容。对于驱动器则显示其类型、大小和可用空间。用户还可根据自己的需要设定文件显示的信息内容，方法是右击信息列标题，在出现的菜单中选择需显示的信息项即可。

用户有时为了便于查看，可以调节各信息列的宽度。操作方法是：将鼠标指向列标题，并移动到列分界线上，直到鼠标指针变成双箭头；按住鼠标左键不放并左右拖动即可调节列的宽度。

当窗口中的图标太多时，用户可以利用"查看"菜单中的级联菜单中的命令，按名称、类型、大小、修改时间或自动排列、按组排列等将图标排序，以便于查找所需的文件。

设置"幻灯片浏览"方式查看文件及文件夹。

① 在资源管理器窗口中查找选择一个包含有图片文件的文件夹，如："C：\ Windows \ Web \ Wallpaper"文件夹。

② 单击"文件"菜单中的"属性"命令，打开文件夹"属性"对话框。

③ 在"属性"对话框单击"自定义"选项卡，在"用此文件夹类型作为模板"下拉列表框中选择"图片"或"相册"选项，单击"确定"按钮完成设置。

④ 在"查看"菜单中选择"幻灯片方式"命令，即可以用幻灯片方式查看图片

文件。

（3）选择文件或文件夹

① 选定单个文件或文件夹，有以下几种方法：a. 单击要选定的文件或文件夹；b. 按 "End" 或 "Home" 键，可选定当前文件夹末尾或开头的文件或文件夹；c. 按字母键，可选定第一个以该字符为 "文件名或文件夹名" 首字母的文件或文件夹。

例如，按字母 "A" 键，将选定第一个字母为 A 开头的文件或文件夹。对以中文命名的文件或文件夹也有效。

② 连续 "选中" 方法之一（设置为 "图标" 查看方式）。把鼠标指向右窗口待选文件（夹）区域的左上角（但千万不要压着图标，否则随后的操作有可能造成文件混乱），按下左键向右下角方向移动鼠标，在移动鼠标时，会出现一个矩形虚线框随着鼠标变化，矩形框内的名称和图标全部变为深色显示，此即为 "连续选中"（选中的文件和文件夹可以被复制、移动、发送、删除等，但此处只练习选中操作），在适当的地方放开左键，即完成 "选中" 操作。然后把鼠标移到其他空白处，单击左键，取消 "选中" 操作。

③ 连续 "选中" 方法之二（设置为 "图标" 查看方式）。把鼠标指向右窗口待选文件（夹）区域的左上角（但千万不要压着图标，否则随后的操作有可能造成文件混乱），但此次是按下右键拖出虚线矩形框，矩形框内的名称和图标全部变为深色显示，在适当的地方放开右键时，会立即显示出一个快捷菜单，菜单上列出了可对已选中文件的操作。然后把鼠标移到其他空白处，单击左键，取消 "选中" 操作。

④ 连续 "选中" 方法之三（设置为 "图标" 查看方式）。首先选中矩形区域内左上角的对象，按下 <Shift> 键不放，再选中矩形区域内右下角的对象，此时，矩形区域内的名称和图标全部变为深色显示（表示已被选中）。

⑤ 任意 "选中"：按下 <Ctrl> 键不放，用鼠标单击选中每一个对象，选中的对象可以是相邻的，也可以是不相邻的。

在 "缩略图"、"平铺" 或 "列表" 显示方式下，"选中" 操作与上述方法基本相同。

【实验操作】

（1）在 "资源管理器" 窗口定义 "标准按钮" 工具栏，使工具栏中显示剪切、复制、粘贴、删除、撤销、文件夹选项及属性工具按钮。

（2）在 "资源管理器" 窗口设置文件的显示方式为：显示所有文件类型的扩展名。

（3）在 "我的文档" 中新建一个文件夹，文件夹的名称为用户自己姓名，例如 "李刚"（以下将使用 "李刚" 为文件夹名称）。

（4）在 "李刚" 文件夹中新建两个文件夹，文件夹名称分别为："学习"、"生活"。

（5）在"学习"文件夹中建立一个"文本文档"文件，文件名为"文字练习.txt"。注意，该文件是空文件（没有内容）。

（6）在建立的"文字练习.txt"文件中输入下面两段文字内容并保存。

资源管理一般是指对计算机中的文件、文件夹和磁盘驱动器的管理。在 Windows XP 中，我们使用"我的电脑"或"资源管理器"这两个工具来进行资源的管理。两个工具的管理操作方法基本一样。下面我们将主要介绍在"资源管理器"中是如何进行资源管理的。

"资源管理器"是 Windows XP 一个重要的文件、文件夹管理工具。它将计算机中的文件、文件夹对象图标化，使得对它们的查找、复制、删除、移动等操作管理变得非常容易、非常方便。

（7）在"资源管理器"窗口中，将系统盘 C 盘中的桌面图片文件"bliss.bmp"复制到"生活"文件夹中。该文件的原始位置为：

C：\ Windows \ Web \ Wallpaper \ Bliss.bmp

操作方法：使用鼠标左键拖动完成复制操作。

说明：如在 C：\ Windows \ Web \ Wallpaper 文件夹中没有"bliss.bmp"文件，请用 Windows 搜索工具查找该文件位置；或用其他的 bmp 格式文件替代。

（8）在"文件夹选项"对话框中设置"在地址栏中显示完整路径"选项，如图 2-1。

（9）在"资源管理器"窗口中，将系统盘 C 盘中的声音媒体文件"Windows XP 启动.wav"复制到"生活"文件夹中。该文件的原始位置如下。

C：\ Windows \ Media \ Windows XP 启动.wav

操作方法：使用工具栏按钮中的"复制"、"粘贴"工具完成复制。

（10）在"学习"文件夹中建立"文字练习.txt"文件的复件文件。文件名为"文字练习复件.txt"。

（11）在"李刚"及其下属文件夹中用鼠标依次打开文件"文字练习.txt"、"bliss.bmp"、"Windows XP 启动.wav"。打开文件的方法为：在窗口中用鼠标双击该文件。文件打开后再依次关闭 3 个文件。

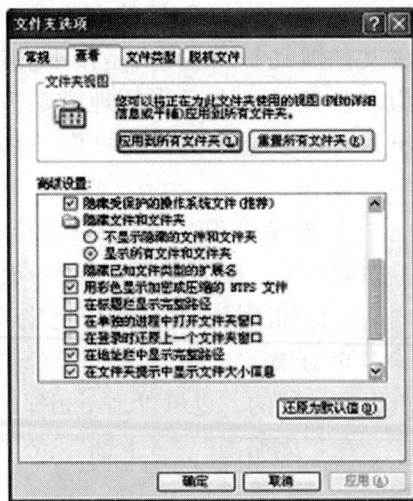

图 2-1　文件夹选项

（12）把"生活"文件夹中的"bliss.bmp"文件移动到"学习"文件夹中。

操作方法：使用鼠标右键拖动完成移动操作。

（13）将"学习"文件夹移动到"生活"文件夹中，形成如下文件夹结构：

图 2-2　"重命名"提示框

"我的文档"→"李刚"→"生活"→"学习"

再将"李刚"文件夹移动到C盘根文件夹中，形成如下文件夹结构：

"C"→"李刚"→"生活"→"学习"

操作方法：使用快捷菜单（鼠标右击）完成移动操作。

（14）把"文字练习复件.txt"删除到"回收站"中。

操作方法：使用"文件"菜单中的"删除"命令完成删除操作

（15）在"回收站"中将"文字练习复件.txt"文件恢复到删除前位置。

（16）在"回收站 属性"设置对话框中设置回收站具有"删除时不将文件移入回收站，而是彻底删除"属性，如图2－3所示。再次删除文件夹中的"文字练习复件.txt"文件。问还能否恢复该文件？请思考结果并说明原因。操作方法：使用工具按钮中的"删除"命令完成删除操作。

（17）设置"李刚"文件夹具有"隐藏"属性，在出现的"确认属性更改"对话框中（如图2－4所示）选择默认选项"将更改应用于该文件夹、子文件夹和文件"；在"文件夹选项"对话框中（图2－1）设置"不显示隐藏的文件和文件夹"属性。再返回"资源管理器"窗口，问此时能否在左右窗口看到"李刚"、"学习"及"生活"等3个文件夹和"文字练习.txt"、"bliss.bmp"及"Windows XP启动.wav"等3个文件？说明原因。关闭"资源管理器"窗口后再启动"资源管理器"，问显示状况有否改变？是什么原因？

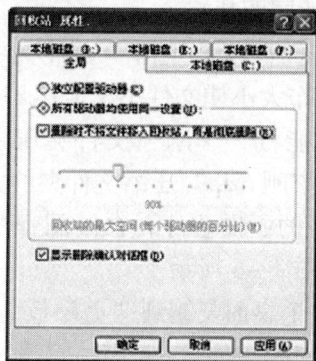

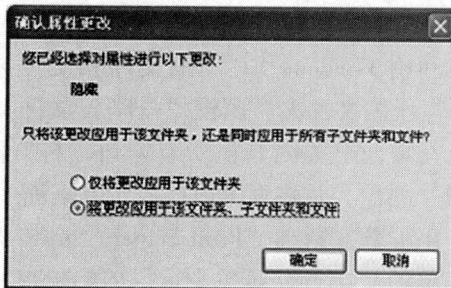

图2－3　"回收站 属性"　　　　图2－4　"确认属性更改"提示框

（18）使用"搜索助理"工具搜索"文字练习.txt"文件。能否搜索到该文件？是什么原因？

（19）设置取消"李刚"文件夹的"隐藏"属性。再使用"搜索助理"工具搜索"文字练习.txt"文件。能否搜索到？

（20）通过"开始"菜单中的"附件"菜单运行写字板程序文件Wordpad.exe。

（21）在资源管理器窗口中打开写字板程序文件Wordpad.exe。如不知道文件位置，可以通过"搜索助理"工具搜索查找文件的路径位置。

（22）使用向导法在桌面上创建一个"写字板"的快捷方式。

（23）使用拖放法在桌面上创建一个打开"李刚"文件夹的快捷方式图标，并使用快捷方式启动该文件夹。

（24）在"Windows XP 启动 . wav"声音文件所在的文件夹中创建一个该文件的快捷方式图标；并将该快捷方式图标用"发送"方式发送到桌面上。使用桌面上的快捷方式启动该声音文件。

图 2 - 5　加工"bliss. bmp"图片

（25）用 Windows 附件工具"画图"程序，打开"生活"文件夹中的"bliss. bmp"图片文件，并编辑加工文件为（如没有此图片，可用其他图片替代）。

① 在图片左上方画一个"红太阳"，如图 2 - 5 所示。

② 调整图片大小为：300 × 200 像素（画布的尺寸同图片）。

③ 将修改后的文件用"sun_ bliss. bmp"文件名保存在"生活"文件夹中。如图片大小超过 180kb 则再打开文件，编辑调整图片及画布大小使文件小于 180kb。

（26）利用 Windows XP 压缩文件和文件夹的功能将"李刚"文件夹压缩，建立"李刚 . zip"压缩文件夹。比较"李刚"文件夹与"李刚 . zip"压缩文件夹的大小。

（27）在桌面上关闭其他所有窗口，打开附件中的画图程序，在画图程序中打开"bliss. bmp"图片，并将画图窗口放置在桌面中间如图 2 - 6 所示。

（28）用屏幕复制键"Print Screen"将 27 题中整个桌面复制到"剪贴板"。然后在"开始"菜单的"运行"菜单中运行剪贴板程序"clipbrd. exe"，如图 2 - 7 所示。查看剪贴板程序窗口中内容应为图 2 - 6 所示图片。将该剪贴板中图片内容保存在"我的文档"中，文件名为"bliss. clp"。

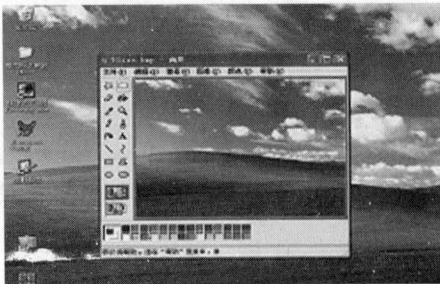

图 2 - 6　"第 27 题图示"

图 2 - 7　"运行"对话框

【实验测试练习题】

1. 测试要求

（1）掌握文件（夹）的创建、复制、移动、重命名、删除、属性及查找。

（2）掌握快捷方式的创建、快捷键、常用的文件类型及打开方式。

（3）掌握 Windows 中附件及控制面板的操作。

测试时间及分数：60 分钟　　　100 分

2. 测试内容

（1）在 D 盘建立一个文件夹取名为"练习"，在"练习"文件夹中创建二级文件夹，名称为学号后四位加姓名，如：如某同学的学号姓名是：20061204538、张媛媛，则二级文件夹"学号姓名文件夹"（以下简称"学生文件夹"）取名为"4538 张媛媛"。注意中间不要空格（5 分）。

（2）通过搜索功能查找图片文件（＊. JPG）并且文件的大小不要大于 3KB，然后将其中的 10 个文件复制到学生文件夹中，并将这里 10 个文件重新命名为 1. JPG、2. JPG、………、9. JPG、10. JPG（15 分）。

说明：注意搜索查找到的 JPG 格式图片文件，如果没有 10 个不大于 3KB 的，则可以利用 Windows "画图"程序将文件大小缩小到 3KB 以下再使用；或者请求实验辅导老师给予帮助。

（3）在学生文件夹中再创建二个三级文件夹，分别为 BAK 和 MOVE，将前面 10 个命名好的图形文件复制在三级文件夹 BAK 中（10 分）。

（4）先将学生文件夹中的 1 - 5 号 JPG 文件移动到三级文件夹"MOVE"文件夹中；再将"6. JPG"改名为"图片. JPG"，将"7. JPG"删除（15 分）。

（5）打开 Windows "画图"程序，利用画图工具制作一幅图形，保存到学生文件夹中，并命名为"桌面背景图形. jpg"（10 分）。

（6）打开"显示属性"对话框，并将"桌面背景图形. jpg"设置为桌面背景（10 分）。

（7）通过开始菜单的"运行"功能打开 Windows 记事本程序 Notepad. exe，新建一个记事本文件，输入常用快捷键功能说明（至少 6 个以上；如：Ctrl + C 的功能是复制…），并将文件取名为"常用快捷键. txt"，保存到学生文件夹中（10 分）。

（8）对三级文件夹 bak 及其中内容，使用 winrar 压缩软件创建自解压格式的压缩文件，取名为"自解压缩文件. exe"，存放在学生文件夹中（10 分）。

（9）创建"学号姓名文件夹"桌面快捷方式，命名规则为："自己的姓名 + 文件夹"，如："张媛媛文件夹"。注意文件夹要放置在桌面屏幕的中间位置处（5 分）。

（10）将自己电脑桌面屏幕画面拷贝下来建立画图程序文件，注意桌面屏幕上要有上题 9 建立的"学号姓名文件夹"桌面快捷方式，并将屏幕画面缩小至原图的 90%，用"自己的姓名 + 屏幕"（如"张媛媛屏幕. jpg"）作为文件名保存在学生文件夹中（10 分）。

（11）图 2-8 至 2-11 是测试练习完成后，各个创建的文件夹及文件的分布情况。请大家在完成自己的测试练习后，比较各图，特别注意各个文件夹的相对位置是否正确。

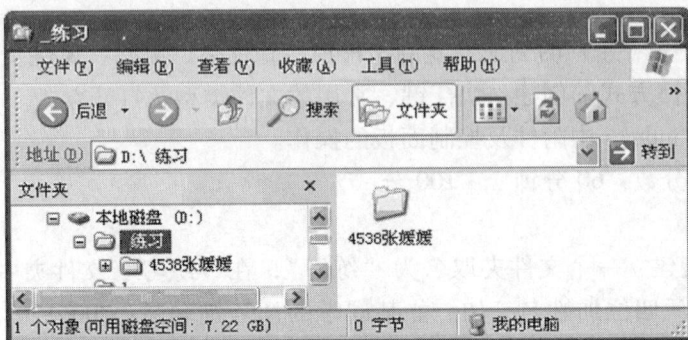

图 2-8　练习文件夹

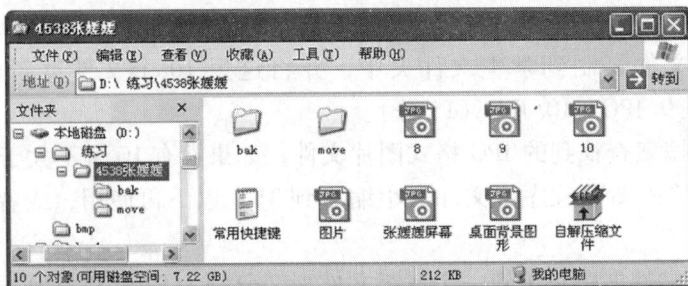

图 2-9　学号姓名文件夹

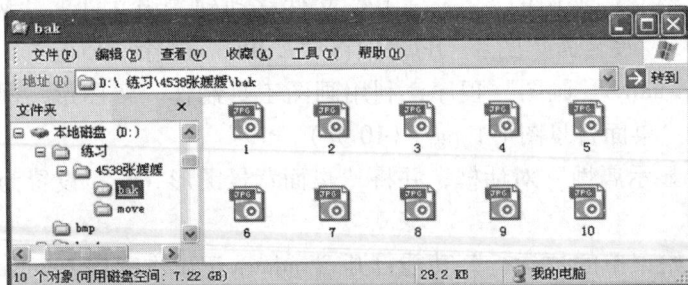

图 2-10　bak 文件夹

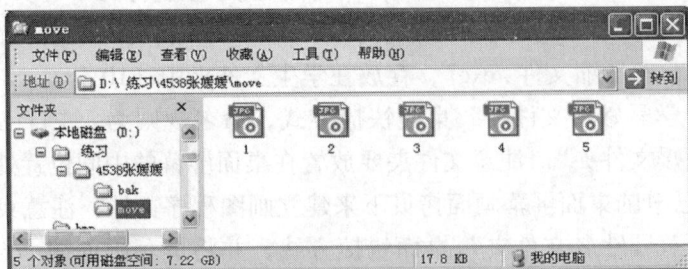

图 2-11　move 文件夹

实验三　Word 的基本编辑操作

【实验目的和要求】

（1）学习并掌握中文 Word 2003 的启动和退出。

（2）熟悉中文 Word 2003 的窗口界面。

（3）学会使用中文 Word 2003 建立一个简单文档，保存在磁盘上。

（4）学会在中文 Word 2003 中打开一个 Word 文档。

（5）掌握在 Word 2003 中编辑文本的方法。

（6）了解文档的显示方式。

（7）掌握 Word 2003 文档的字符格式的编排。

（8）掌握 Word 2003 文档的段落格式的编排。

（9）学会给文本加上边框、底纹、项目符号。

（10）掌握 Word 2003 文档的分栏技术。

（11）学会为 Word 2003 文档加上页眉和页脚。

【实验内容及步骤】

1. 启动 Word 2003，建立一个简单的 Word 文档　启动 Windows XP，单击"开始"按钮，打开开始菜单，选择"程序"子菜单中的"Microsoft Word"命令，进入 Microsoft Word 2003 应用程序窗口。

在任务栏的输入法指示器上单击鼠标左键，选择一种中文输入法，在格式工具栏"字体"下拉列表框中选择五号宋体字，输入下列文本。

中药保护品种的范围和等级划分

（一）中药保护品种的范围

《条例》规定了中药保护品种的范围：

1. 必须是国家药品标准收载的品种；

2. 国家药品监督管理部门批准的新药，若符合《条例》规定的，在新药保护期限届满前六个月，可以依照本《条例》的规定申请保护。

结果见图 3 – 1 所示。

保存文档。

选择"文件"菜单中的"保存"命令，打开了"另存为"对话框，在"保存位置"下拉列表框中选择 C:，在文件名下拉列表框中输入"中药保护"，保存类型为 Word 文档，见图 3 – 2 所示。当前文档以文件名"中药保护"保存在 C: 盘上。

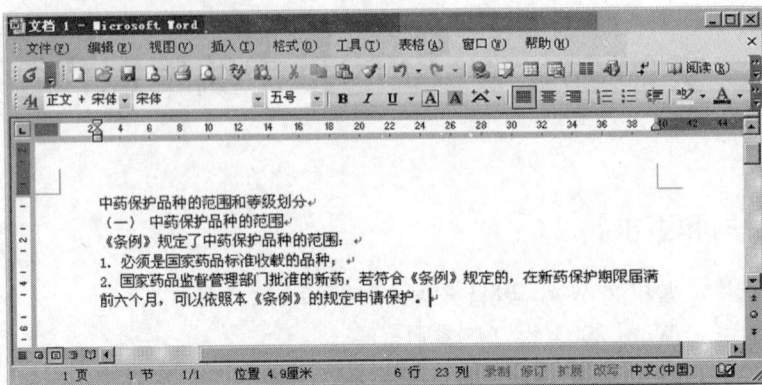

图 3-1 输入文本后的 Word

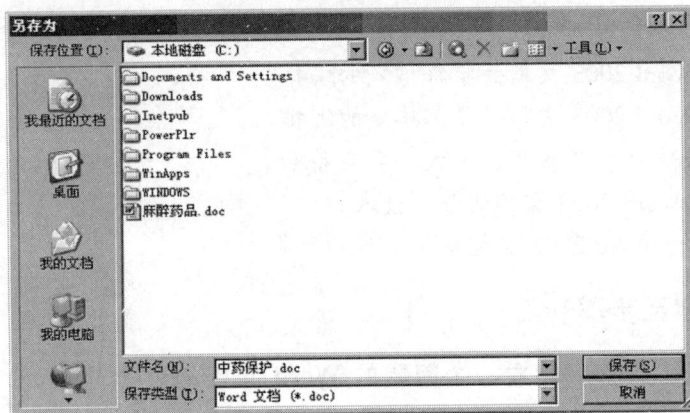

图 3-2 保存

2. 关闭当前文档 选择"文件"菜单下的"关闭"命令，关闭当前文档。

3. 退出 Word 2003 应用程序 选择"文件"菜单中的"退出"命令，退出 Word 2003 应用程序，返回 Windows XP 桌面。

4. 打开 C：盘上文件"中药保护.doc" 再次启动 Word 2003，选择"文件"菜单下的"打开"命令，打开"打开"对话框，在"查找范围"下拉列表框中选择 C：，在"文件类型"下拉列表框中选择"Word 文档"，这时文件列表中会显示"中药保护.doc"文件，单击选定它，然后单击"打开"按钮，该文档被打开。

5. 熟悉 Word 2003 的窗口界面 逐个单击菜单栏的各个主菜单，查看其子菜单；将鼠标驻留在各个工具按钮上，查看它们的帮助说明。

单击菜单栏的"视图"，分别选择普通视图、大纲视图，页面视图，Web 版式视图，观察各种视图状态下的文档的显示。

6. 编辑操作

（1）修改选择字符"六个月"，使它反色显示，然后输入"6 个月"以替代"六个月"。

14

（2）插入新文本将插入点放置到段落末尾，从键盘输入如下文本。

（二）中药保护品种的等级划分

《条例》对受保护的中药品种划分为1级和2级进行管理。中药1级保护品种的保护期限分别为30年、20年、10年，中药2级保护品种的保护期限为7年。

1. 对中药1级保护品种应具备的条件符合下列条件之一的中药品种，可以申请1级保护。

2. 对特定疾病有特殊疗效的；相当于国家1级保护野生药材物种的人工制成品；用于预防和治疗特殊疾病的。申请中药2级保护品种应具备的条件符合下列条件之一的中药品种，可以申请2级保护。符合1级保护的品种或者已经解除1级保护的品种；对特定疾病有显著疗效的；从天然药物中提取的有效物质及特殊制剂。

（3）删除文本在文本末行左方选定区双击鼠标，这个自然段的字符全部反色显示，按下 Delete 键，删去这个文本。

（4）操作撤销紧接上一步操作，按下工具栏的"撤销"按钮，恢复被删去的自然段。

（5）查找和替换将全文本中的"1级"更换为"一级"：选取"编辑"菜单下的"替换"命令，进入"查找和替换"对话框，选取"查找"选项卡，在"查找内容"编辑框内输入"1级"，选取"替换"选项卡，在"替换为"编辑框中输入"一级"，再点取"全部替换"按钮。

（6）段落合并将"符合下列条件之一的中药品种，可以申请一级保护。"这一自然段和"对特定疾病有特殊疗效的；相当于国家一级保护野生药材物种的人工制成品……"这一自然段落合成为一个段落：

在"符合下列条件之一的中药品种，可以申请一级保护。"末字符后单击鼠标放置插入点。按下 Delete 键，这二个段落合并为一个段落。

（7）段落拆分将"符合下列条件之一的中药品种，可以申请一级保护……"这一自然段中的文本"2. 申请中药二级保护品种应具备的条件……"另起一段：在"2. 申请中药二级保护品种应具备的条件……"前单击鼠标放置插入点，按下回车键。"2. 申请中药二级保护品种应具备的条件……"将另生成一个自然段。

（8）插入符号在"对特定疾病有特殊疗效的；"和"符合1级保护的品种或者已经解除1级保护的品种；"前插入符号"①"，在"相当于国家1级保护野生药材物种的人工制成品；"和"对特定疾病有显著疗效的；"前插入符号"②"，在"用于预防和治疗特殊疾病的。"前插入符号"③"，下面给出在"对特定疾病有特殊疗效的；"和"从天然药物中提取的有效物质及特殊制剂。"前插入符号"①"的步骤：

单击"对特定疾病有特殊疗效的；"首字符左侧放置插入点，选取"插入"菜单下的"符号"命令，打开"符号"对话框，在列表中选中符号"①"，点取"插入"按钮。插入完成后的结果见图3-3所示。

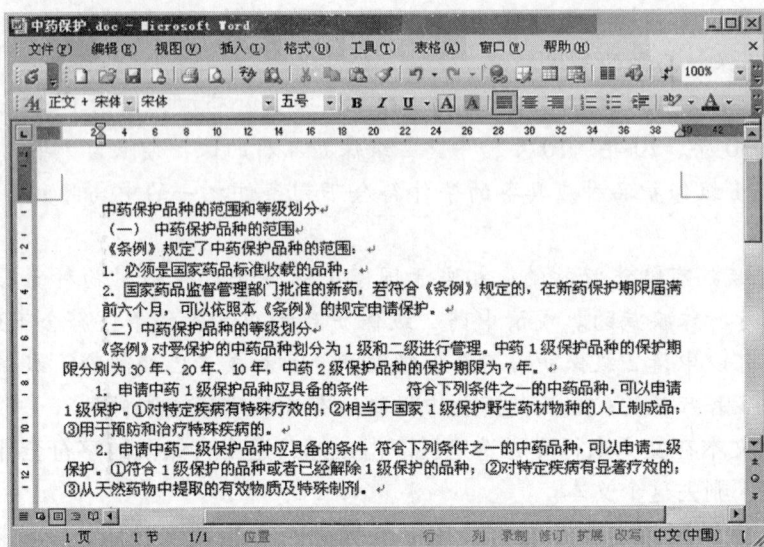

图 3 - 3　插入完成

7. 保存文档　选择"文件"菜单中的"保存"命令，将修改后的文档保存。

8. 启动 Word 2003，建立一个简单的 Word 文档　文本内容如下。

麻醉药品品种

麻醉药品的品种范围包括：阿片类、可卡因类、大麻类、合成药类及国务院药品监督管理部门指定其他易成瘾癖的药品、药用原植物及其制剂。具体品种如下。

麻醉药品品种目录

（1996 年 1 月公布）

醋托啡

乙酰阿法基芬太尼

醋美沙朵

阿芬太尼

烯丙罗定

阿法美罗定

阿醋美沙朵

阿法甲基芬太尼

阿法甲基硫代芬太尼

9. 加上项目符号　将正文的 6～14 行文本选定，按住鼠标左键拖动以选定它们，选择"格式"菜单下的"项目符号和编号"命令，打开"项目符号和编号"对话框，选择一种项目符号。

10. 设置正文格式、字体　选取"麻醉药品品种"，在格式工具栏选择"黑体"字，字号为"小四"，点取"加粗"按钮，点取"字体颜色"的列表按钮，选择红色。然后选择"格式"菜单下的"边框和底纹"命令，打开"边框和底纹"对话框，在

16

"边框"选项卡中，在"设置"中选择"方框"，在"底纹"选项卡中，在"填充"中选择黑色。

选取"麻醉药品品种目录"和"（1996年1月公布）"，在格式工具栏选择"楷体"字，字号为"四号"。

11. 设置段落格式　选取"麻醉药品品种目录"和"（1996年1月公布）"，设置对齐方式为"居中对齐"，选取"麻醉药品的品种范围包括：阿片类、可卡因类、大麻类、合成药类及国务院药品监督管理部门指定其他易成瘾癖的药品、药用原植物及其制剂。具体品种如下"：这一段落，选择"格式"菜单下的"段落"命令，打开"段落"对话框，选取"缩进和间距"选项卡，在"特殊格式"项目下选"首行缩进"，在"度量单位"项目下输入"1.56 cm"，在"行距"项目下选"1.5倍行距"，"段前"设置为0.5行。

12. 保存文档　选择"文件"菜单下的"保存"命令，将文件保存为"麻醉药品.doc"。结果见图3-4所示。

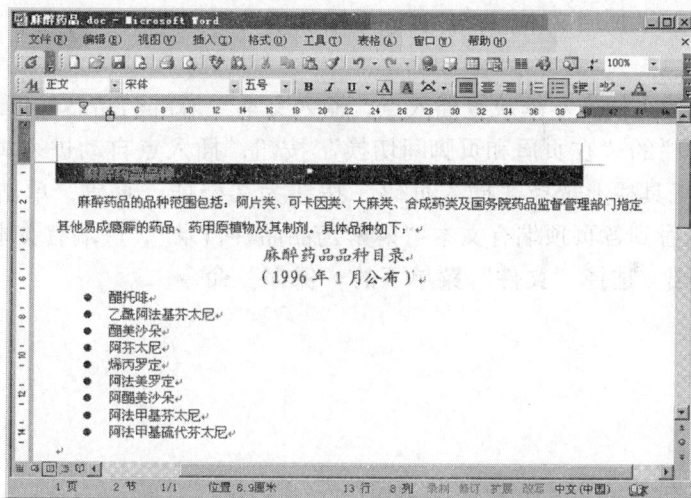

图3-4　保存文档

13. 段落分栏　如下内容分成两栏。

·醋托啡　　　　　　·乙酰阿法基芬太尼
·醋美沙朵　　　　　·阿芬太尼
·烯丙罗定　　　　　·阿法美罗定
·阿醋美沙朵　　　　·阿法甲基芬太尼
·阿法甲基硫代芬太尼

首先按住鼠标左键拖动以选定它们，选择"格式"菜单下的"分栏"命令，打开"分栏"对话框，在"预设"项目下选中"两栏"，选择"栏宽相等"复选框，再点取"确定"按钮。结果如图3-5所示。

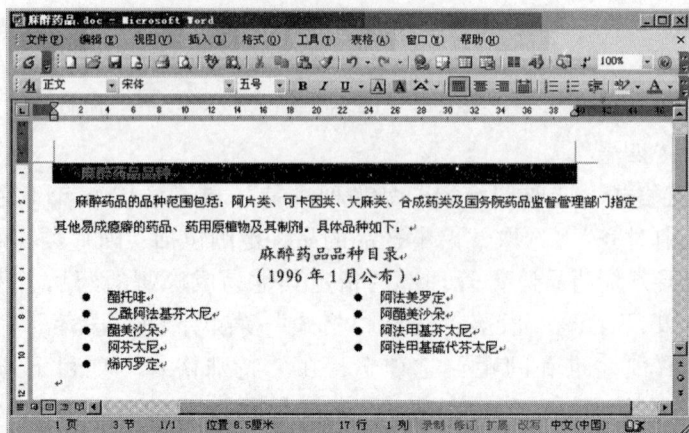

图 3 – 5　分栏排列

14. 给文档加上页眉页脚　选择"视图"菜单下的"页眉和页脚"命令，可以看到各页上端都增加了页眉文本框，各页底端增加了页脚文本框，出现了"页眉和页脚"工具。

单击第一页的页眉文本框放置插入点，输入文本"麻醉药品品种目录"，单击"页眉和页脚"工具栏的"在页眉和页脚间切换"按钮，插入点自动进入页脚文本框，在"页眉和页脚"工具栏上选择"插入页码"按钮为文档插入页码，单击工具栏的"关闭"按钮，可以看到各页顶端有文本"麻醉药品品种目录"，底端有文本页码显示。

15. 保存文档　选择"文件"菜单下的"保存"命令。

实验四　Word 表格制作

【实验目的】

（1）熟练掌握表格的创建及内容的输入。
（2）熟练掌握表格的编辑。
（3）熟练掌握表格格式的设计。
（4）掌握对表格的简单计算。

【实验内容】

（1）建立如表 4-1 所示的表格，并以工资表 . DOC 为文件名保存在当前文件夹中。

表 4-1　工资表

姓名	月收入	工龄工资	补贴
宋常林	979	30	40
杨永贵	410	5	10
王　红	746	14	30
马　伟	587	10	20
于　新	574	8	20

（2）在"补贴"的右边插入一列，列标题为"实发工资"，并计算各人的实发工资（保留 1 位小数）；在表格的最后增加一行，行标题为"各项平均"，并计算各项的平均值（保留 1 位小数）。

（3）将表格第一行的行高设置为 1 cm、最小值，该行文字为粗体、小四，并水平、垂直居中；其余各行的行高设置为 0.8 cm、最小值，文字垂直底端对齐；姓名水平居中，其他各项靠右对齐。

（4）将表格各列的宽度调整适合，使整个表格居中，并按各人的月收入从高到低排序。

（5）将表格的外框线设置为 1.5 磅的粗线，内框线为 0.75 磅，第一行的上下线与第一列的右框线为 1.5 磅的双线，第一行与第一列添加"灰色 10%"的底纹。

（6）在表格的上面插入一行，合并单元格，然后输入标题"工资表"，格式为黑体、三号、居中、取消底纹；在表格下面插入当前日期，格式为粗体、倾斜。

【实验操作】

1. 建立表格

（1）单击"常用"工具栏上的"表格和边框"按钮，调出"表格和边框"工具栏，如图4-1所示。

插入表格

图4-1　"表格"工具栏

（2）将光标定位在文档中需插入表格的位置，选择"表格"工具栏中的"插入表格"命令（如图4-1），出现如图4-2所示的"插入表格"对话框。输入列数"4"，行数"6"，单击"确定"按钮，一个4列6行的表格生成，如图4-3所示。

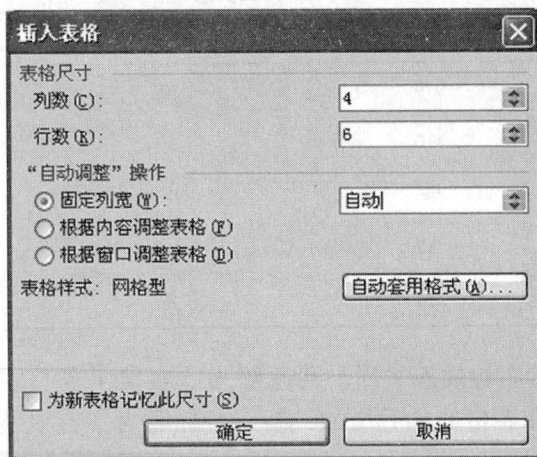

图4-2　"插入表格"对话框

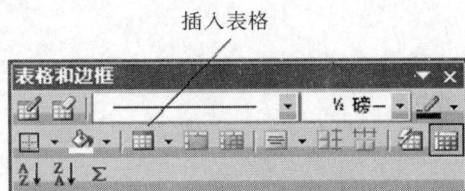

图4-3　生成表格

（3）按表4-1表格中数据输入相应内容。

（4）单击工具栏上的"保存"按钮，出现"另存为"对话框，将其保存为工资表.DOC。

2. 插入行、列、计算

（1）将光标移到表4-1中"补贴"列位置，单击"表格"\"插入"菜单中"列（在右侧）"，如图4-4所示，插入一空列。

（2）在新插入列的第一行内输入"实发工资"。

（3）选定"实发工资"下的第一个单元格。

（4）选择"表格"菜单中的"公式"命令，出现"公式"对话框。

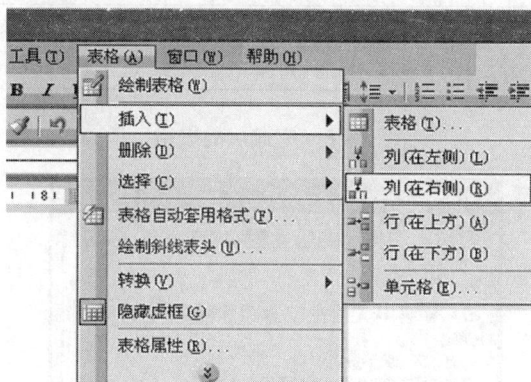

图4-4　插入一列

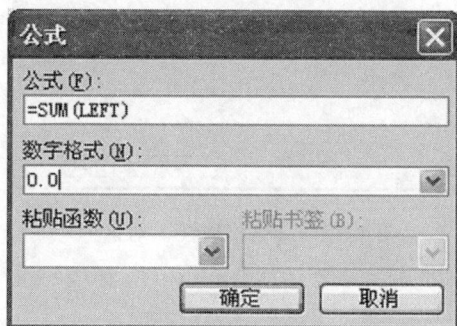

图4-5　"公式"对话框

（5）在"公式"对话框中，如图4-5所示，在公式框内输入：=sum（left），在数字格式框中输入：0.0，单击"确定"按钮，计算出该行的实发工资：1049.0。

（6）再依次选定第二、三直至最后一个单元格，重复步骤（5）和（6），计算出所有工资。

（7）将光标移到最后一个单元格，按Tab键，则插入一行或按照（1）方法执行"在下方插入行"命令，在新插入行的第一列输入"各项平均"。

（8）选定最后一行的第二列单元格，重复（4）和（5）步骤，将公式改为：=average（b2：b6），计算该列数据的平均值：659.2，或也可以输入公式：=average（A-

21

bove），来计算该列的平均数据值。以后各列的计算依次将公式中的列号 b 改为 c，d，e，…即可。

数据输入完成后的表格见图 4 - 6。

姓　名	月收入	工龄工资	补贴	实发工资
宋常林	979	30	40	1049.0
杨永贵	410	5	10	425.0
王　红	746	14	30	790.0
马　伟	587	10	20	617.0
于　新	574	8	20	602.0
各项平均	659.2	13.4	24.0	696.6

图 4 - 6　完成后的表格

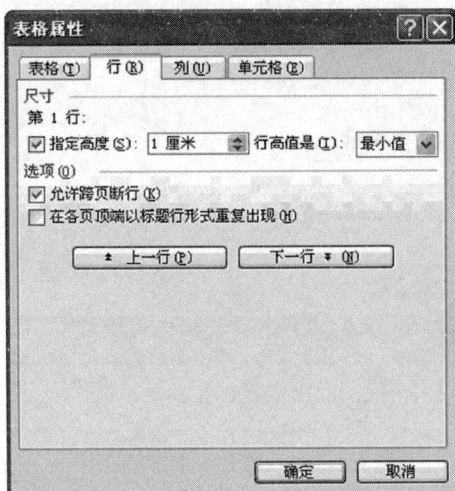

图 4 - 7　"表格属性"对话框

3. 行高设置

（1）选定表格第一行，选择"表格"菜单中的"表格属性"命令。

（2）在"表格属性"对话框中，如图 4 - 7 所示，选择"行"选项卡，在"尺寸"区域中，选择"指定高度"，设置值为"1 cm"，"行高值是"选择"最小值"，单击"确定"按钮。

（3）选定第一行，在"格式"工具栏中选择"字号"为"小四"，单击"加粗"按钮。单击"表格和边框"工具栏中的"对齐"按钮，如图 4 - 8 所示，选择"中部居中"。

（4）选定表格其余各行，重复步骤（2）和（3），设置行高为 0.8 cm、最小值，对齐方式为"靠下右对齐"。

（5）选定表格第一列，单击"格式"工具栏中的"居中"按钮。

对齐按钮

图 4 - 8　　"表格和边框"工具栏

4. 列宽设置、排序

（1）光标放入表格内，执行"表格" \ "自动调整" \ "根据内容调整表格"命令。

（2）打开"表格属性"对话框，如图 4 - 9 所示，选择"表格"选项卡，在"对齐方式"中选择"居中"，单击"确定"按钮。

（3）选定表格前 6 行，选择"表格"菜单中的"排序"命令。

（4）在"排序"对话框中，如图 4 - 10 所示，选择"有标题行"，"主要关键字"列表框中选择"月收入"，"类型"列表框中选择"数字"，并选择"降序"单选按钮，单击"确定"按钮，完成表格的排序操作。

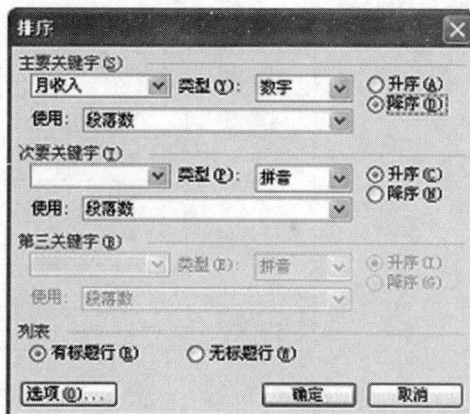

图 4 - 9　　"表格"选项卡　　　　　　图 4 - 10　　"排序"对话框

5. 表格框线

（1）选定整个表格，设置"表格和边框"工具栏的"线条粗细"为"3/4 磅"，单击"框线"的下拉箭头，选择"内部框线"，如图 4 - 11 所示。

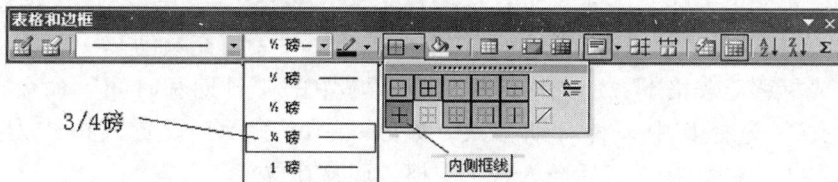

3/4磅

内侧框线

图 4 - 11　　内部框线

（2）选定整个表格，同样方法设置"表格和边框"工具栏的"线条粗细"为"1.5磅"，单击"框线"的下拉箭头，选择"外部框线"。

（3）选定第一行，在"表格和边框"工具栏中选择"线型"为"双线"，单击"框线"的下拉箭头，选择"下框线"。单击"底纹颜色"的下拉箭头，选择"灰色 –10%"，如图4 – 12所示。

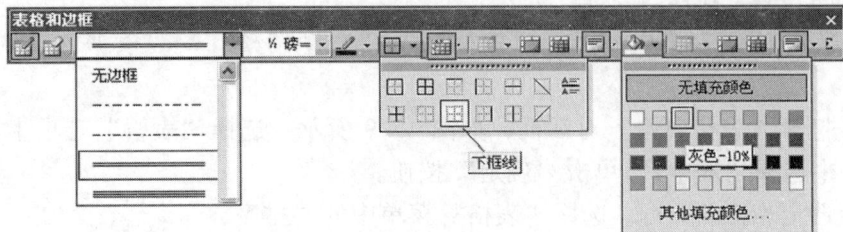

图4 – 12　表格设置

（4）选定第一列，单击"外围框线"的下拉箭头，选择"右边框"。单击"底纹颜色"的下拉箭头，选择"灰色 –10%"，结果如图4 – 13所示。

姓　名	月收入	工龄工资	补贴	实发工资
宋常林	979	30	40	1049.0
王　红	746	14	30	790.0
马　伟	587	10	20	617.0
于　新	574	8	20	602.0
杨永贵	410	5	10	425.0
各项平均	659.2	13.4	24.0	696.6

图4 – 13　结果图

6. 制作表格标题

（1）光标放入表格第一行，重复步骤2（1），执行菜单"表格"\"插入"\"行（在上方）"命令，在表格上面增加一行。

（2）选择第一行，单击"表格和边框"工具栏中的"合并单元格"按钮，使第一行合并成为一个单元个格，并输入文字"工资表"。

（3）选定文字，在"格式"工具栏中设置为"黑体"、"三号"、"居中"，单击"表格"工具栏中的"底纹颜色"的下拉箭头，选择"无填充颜色"。

（4）光标移至表格下方，选择"插入"菜单中的"日期和时间"命令，"语言"选择"中文"，选择其中一种日期格式，如图4 – 14所示。设置其格式为"加粗"、"倾斜"，"右对齐"。在文字后插入若干空格，调整其位置。

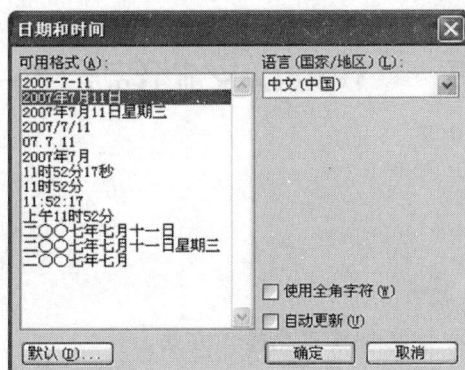

图 4-14 "日期和时间"对话框

7. 最后的样张 如图 4-15 所示。

工资表				
姓 名	月收入	工龄工资	补贴	实发工资
宋常林	979	30	40	1049.0
王 红	746	14	30	790.0
马 伟	587	10	20	617.0
于 新	574	8	20	602.0
杨永贵	410	5	10	425.0
各项平均	659.2	13.4	24	696.6

2012年4月16日

图 4-15 工资表样图

实验五　Word 文档综合练习一

【实验目的】

（1）学习页面设置的基本方法。
（2）熟练掌握 Word 文档字符格式化操作方法。
（3）熟练掌握 Word 文档段落格式化操作方法。
（4）学习在文档中给文本添加修饰。
（5）学习在文档中插入剪贴画和自绘图形。

【实验内容】

制作图 5－1 所示的 Word 文档。

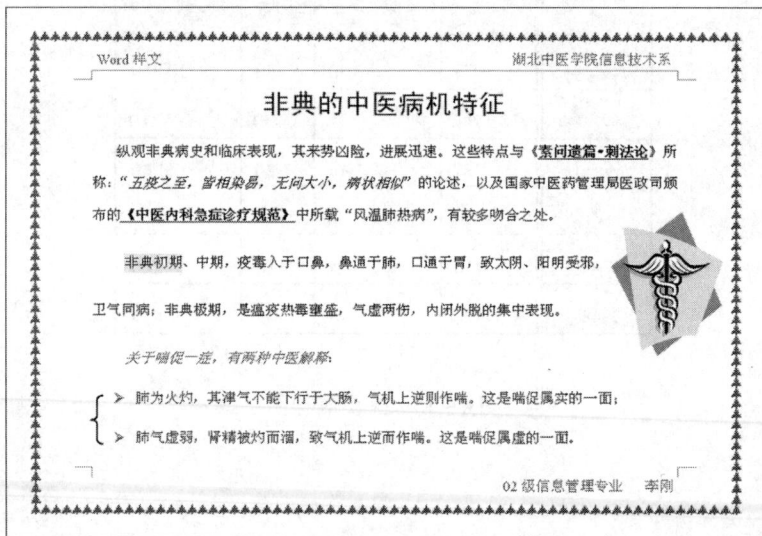

图 5－1　文档

1. 窗口及页面基本设置

（1）启动 Word 2003，建立一个空 Word 文档。

（2）页面设置：单击"文件"\"页面设置"子菜单，打开"页面设置"对话框，如图 5－2 所示。其中有 4 个选项卡，分别进行如下设置：

在"纸张"选项卡中设置文档纸张为："B5 或 16 开"，如图 5－2 所示；

在"页边距"选项卡中设置纸张方向为："横向"，设置页边距为："上、下页边距"为 2.5cm，"左、右页边距"为 3cm，如图 5－3 所示；在"版式"选项卡中设置"页眉及页脚边距"为 1.5cm；在"文档网格"选项卡的"网格"选项中选择"指

26

定行和字符网格",并在下面的"字符"和"行"设置内容中,设置文档"每行字符数"为 54,"每页字符行数"为 24 行;在"文档网格"选项卡中单击"绘图网格"按钮,打开"绘图网格"对话框,如图 5-4 所示;在"网格设置"栏目中设置"网格的水平间距"为 0.01 个字符,"网格的垂直间距"为 0.01 行,按"确定"完成页面设置。

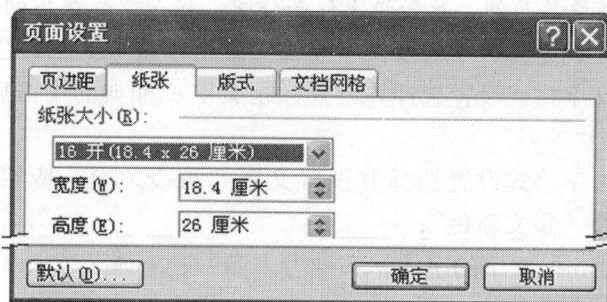

图 5-2 纸张设置

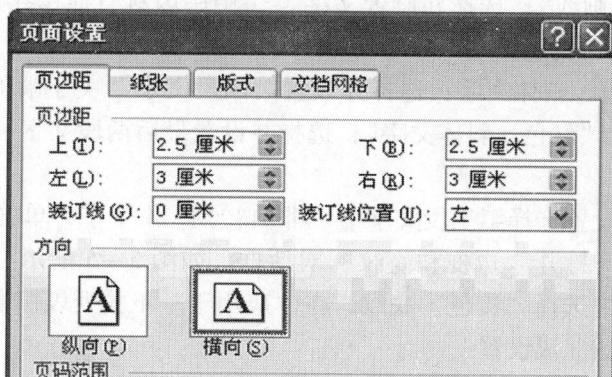

图 5-3 页边距设置

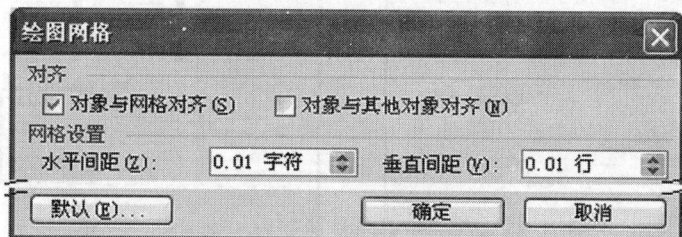

图 5-4 网格设置

2. 输入 Word 样文文字 以字符格式为宋体、5 号文字为例非典的中医病机特征。

纵观非典病史和临床表现,其来势凶险,进展迅速。这些特点与《素问遗篇·刺法论》所称:"五疫之至,皆相染易,无问大小,病状相似"的论述,以及国家中医药管理局医政司颁布的《中医内科急症诊疗规范》中所载"风温肺热病",有较多吻合之处。

非典初期、中期，疫毒入于口鼻，鼻通于肺，口通于胃，致太阴、阳明受邪，卫气同病；非典极期，是瘟疫热毒壅盛，气虚两伤，内闭外脱的集中表现。

关于喘促一症，有两种中医解释：

肺为火灼，其津气不能下行于大肠，气机上逆则作喘。这是喘促属实的一面。

肺气虚弱，肾精被灼而涸，致气机上逆而作喘。这是喘促属虚的一面。

3. 设置文档文字的字体、字号及文字修饰　使用"格式"工具栏中的工具按钮。

（1）标题段落文字格式设置选择并设置标题文字"非典的中医病机特征"的字体为"黑体"；字号为"一号"。

（2）其他段落文字格式设置选择并设置文字"五疫之至，皆相染易，无问大小，病状相似"的字体为"华文新魏"；

选择并设置其他5段文字的字体、字号为"四号、宋体"。

（3）设置文字的其他修饰

①设置文字加粗、文字下画线：选择并设置文字"素问遗篇·刺法论"的修饰为"文字加粗、文字下画线"；选择并设置文字"《中医内科急症诊疗规范》"的修饰为"文字加粗、文字下画线"。

②设置文字颜色、斜体文字：选择并设置第四段文字"关于喘促一症，有两种中医解释："的修饰为"红色、斜体文字"；选择并设置最后两段文字（两行文字）的修饰为"蓝色"。

（4）字符底纹设置选择第三段文字中"非典初期"4个字，单击"格式"\"边框和底纹"子菜单，打开"边框和底纹"对话框，如图5－5所示。在"底纹"选项卡的"填充"栏目中选择"黄色"底纹，在"应用于"下拉列表框中选择"文字"选项，按"确定"按钮完成设置。

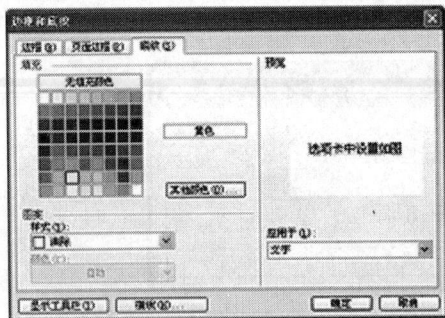

图5－5　底纹设置

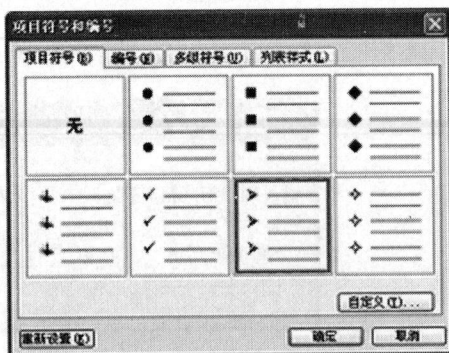

图5－6　项目符号与编号设置

4. 段落的排版及格式化

（1）设置标题段落文字"非典的中医病机特征"的"居中对齐"格式将插入点光标竖线"｜"定位在该段中任意部位，然后用鼠标单击"格式"工具栏中"居中"对齐工具按钮。

（2）设置其他 5 段文字"首行缩进"格式 用鼠标选择要设置格式的段落（或将插入点光标竖线"｜"定位在该段中任意部位），在"标尺栏"中向右拖动"首行缩进"按钮约 2 个字符位置即可。

也可以用鼠标选择所有要设置格式的段落，在"标尺栏"中拖动"首行缩进"按钮，一次即可以完成对所有被选择的段落设置。

说明：如"标尺栏"未出现在窗口工具栏下方，可在文档窗口中"视图"菜单下选中"标尺"菜单项，使标尺出现在窗口中。

（3）设置文档最后两段落的"项目符号"格式 用鼠标拖动选择文档最后两段落文字，单击"格式"菜单＼"项目符号和编号"子菜单，出现"项目符号和编号"对话框如图 5 - 6 所示。

在对话框中选择"项目符号"选项卡，选中如图所示的"箭头"形状的项目符号；然后单击该选项卡中"自定义（T）"命令按钮，在下一级对话框中选箭头符号，然后单击"字体"按钮，在出现的"字体"对话框中，选取"字体颜色"下拉框中的"红色"，返回后按"确定"按钮完成设置。

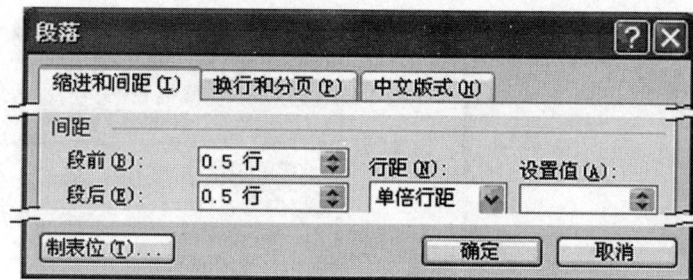

图 5 - 7　段落设置

（4）设置文档的段间距格式 选择文档中所有段落（包括标题段落），单击"格式"菜单＼"段落"子菜单，出现"段落"对话框，如图 5 - 7 所示。在其中"间距"栏目下设置"段前间距"和"段后间距"都为 0.5 行。按"确定"按钮完成设置。

（5）设置文档各段文字的行间距格式 行间距格式设置仅对具有多行文字的段落有效，因此，在本文档中只需设置第二、三段落的行间距格式，设置行间距格式方法如下。

选择要设置的段落，单击"格式"菜单＼"段落"子菜单，出现"段落"对话框，如图 5 - 7 所示。在其中"间距"栏目下设置"行距"为所需格式，按"确定"按钮完成设置。

一般文档的默认行间距格式为"单倍行距"。在本文档中要求设置第二段文字为"1.5 倍行距"；第三段文字为"3 倍行距"。

5. 设置文档的页眉和页脚 单击"视图"菜单＼"页眉和页脚"子菜单，进入设置文档页眉格式，并出现"页眉和页脚"工具栏，如图 5 - 8 所示。

在页眉设置虚线框左部输入文字"Word 样文",在虚线框右部输入文字"湖北中医学院信息技术系",如图 5 - 8 所示。

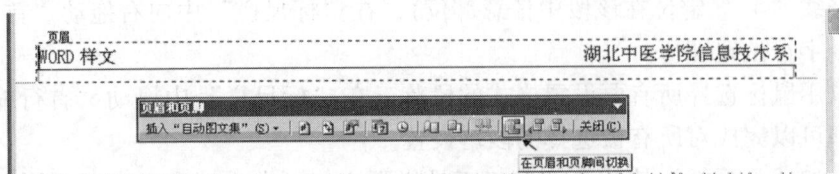

图 5 - 8 页眉设置

单击"页眉和页脚"工具栏中"在页眉和页脚间切换"按钮,进入页脚设置。在页脚中输入学生所在的专业、年级、班级和姓名。然后单击工具栏中的"关闭"按钮。

6. 在文档中插入"剪贴画"并设置"剪贴画"格式

(1)单击"插入"\"图片"\"剪贴画"子菜单,出现"任务窗格",如图 5 - 9 所示。

(2)单击"任务窗格\管理剪辑"项,打开"剪辑管理器"窗口,如图 5 - 10 所示。

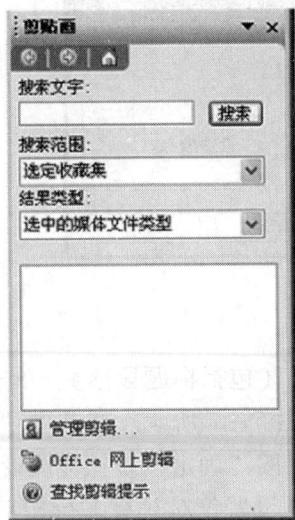

图 5 - 9 插入剪贴画

图 5 - 10 选择文件

(3)在"剪辑管理器"窗口左部"收藏集列表"框中选择"Office 收藏集\保健\医学"文件夹,在窗口显示"医学"文件夹中的剪贴画,如图 5 - 11 所示。

(4)在其中单击选择如图 5 - 11 所示"康复"剪贴画,并进行"复制"、"粘贴"操作,将剪贴画复制粘贴到文档中,关闭"剪辑管理器"对话框。

说明:由于刚复制插入文档的"剪贴画"是"嵌入型"方式,会使已经排版好的文档格式遭到"破坏"。经过下面对剪贴画的格式处理,会使文档格式恢复。

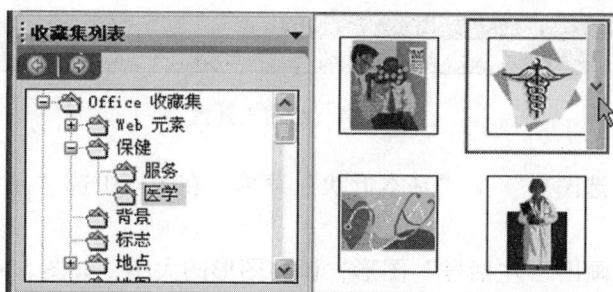

图 5 – 11　选择剪贴画

（5）用鼠标右击插入的剪贴画，在出现的快捷菜单中选择"设置图片格式"子菜单，打开"设置图片格式"对话框，如图 5 – 12 所示。

（6）在"大小"选项卡中设置插入的剪贴画大小，方法是：取消"锁定纵横比"前方框中的"√"；输入"高度"为 5 cm，"宽度"为 3.8 cm，如图 5 – 12 所示。

（7）在"版式"选项卡中设置环绕方式为"四周型"环绕方式，如图 5 – 13 所示。

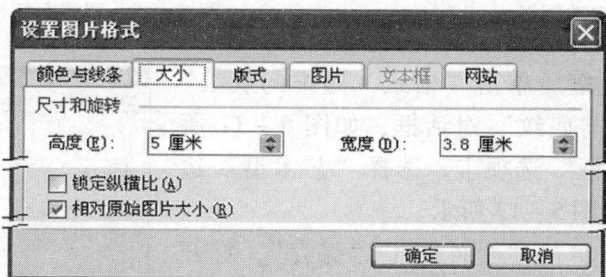

图 5 – 12　设置图片大小

图 5 – 13　设置图片格式

（8）拖动剪贴画到文档中第二自然段右部即可。注意不要使第二自然段变为三行文字，此时文档恢复已经排版的文档格式，如图 5 – 1 所示。

7. 在文档中插入"自绘图形"并设置其格式

（1）打开"绘图"工具栏：右击菜单栏，选择并打开"绘图"工具栏，如图 5 – 14 所示。

31

图 5 - 14 绘图工具栏

（2）单击"自选图形"\"基本形状"菜单，在图框中选"左大括号"，如图5 - 15 所示。

（3）拖动鼠标画出"左括号"图形，调整图形的大小，如图 5 - 16 所示。

图 5 - 15 自选图形

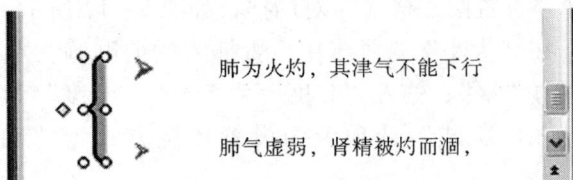

肺为火灼，其津气不能下行

肺气虚弱，肾精被灼而涸，

图 5 - 16 调整左括号

8. 设置页面边框 单击"格式\边框与底纹"菜单，打开"边框与底纹"对话框，如图 5 - 17 所示。选择"页面边框"选项卡，选择"艺术型"边框，宽度10磅，如图 5 - 17 所示。

9. 保存文档 单击"文件"\"保存"，打开"另存为"对话框。在"保存位置"中选择"我的文档"；在"保存类型"中选择"Word 文档"；在"文件名"中输入本文档的名称。

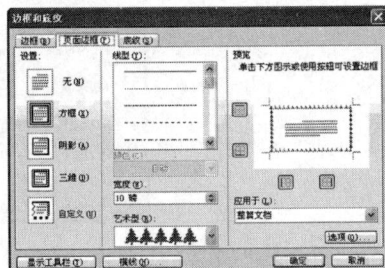

图 5 - 17 边框设置

至此，整个文档的编辑、排版及修饰工作全部完成。

实验六 Word 文档综合练习二

【实验目的与要求】

（1）掌握字符格式，段落格式的设置。

（2）掌握在 Word 中插入艺术字以及艺术字格式的设置。

（3）掌握在 Word 中插入图片以及图片格式的设置。

（4）掌握在 Word 中设置分栏。

（5）掌握文本框的使用。

【实验内容】

制作如图 6-11 所示的"湖北中医药大学之春"Word 文档。

1. 窗口及页面基本设置

（1）启动 Word，建立一个空 Word 文档。

（2）页面设置：设置纸张为 A4，上下页边距分别是 1.5cm，左右页边距均为 3cm，并将文档网格中绘图网格中的水平间距和垂直间距均设为最小值 0.01 字符。

2. 插入 3 个艺术字标题

美：样式选择第一种、华文彩云、嵌入型环绕、高宽都为 3cm、填充颜色为黑色。

湖北中医药：样式选择第一种、黑体、浮于文字上方型环绕、高 1cm、宽 11.8cm。

大学之春：样式选择第一行第四个、宋体、加粗、浮于文字上方、高 1.3cm、宽 11.8cm。

三个艺术字的相对组合位置见样图 6-1 所示。

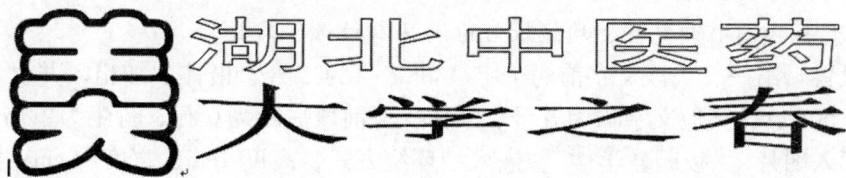

图 6-1 艺术字

3. 给艺术字"大学之春"加浅灰色底纹和线条

图 6-2 底纹线条

33

（1）底纹　制作两个高 0.8cm，宽 11.8cm，灰度为 25% 的底纹条（无边框），组合在一起，中间有间隙，如图 6-2 所示。环绕方式为浮于文字上方，叠放次序为底层。

图 6-3　底纹设置

（2）线条　制作两根长 11.8cm，2.25 磅宽的线条，组合在一起，中间有间隙，如图 6-3 所示。环绕方式为浮于文字上方。

（3）将底纹和线条放置到艺术字"大学之春"的下面合适的位置，如图 6-4 所示。

图 6-4　底纹与线条设置

4. 输入第一、二段文字

湖北中医药大学创建于 1958 年，是湖北省唯一一所高等中医药本科院校，国家教育部本科教学工作水平合格评估优秀学校。2003 年，原湖北中医学院与原湖北药检高等专科学校合并，成立新的湖北中医学院。2010 年 3 月 18 日，教育部批准湖北中医学院更名为湖北中医药大学。

湖北中医药大学占地面积 107.33 公顷（1610 亩），共有建筑面积 42.29 万平方米，其中主校区（黄家湖校区）占地面积 94 公顷（1410 亩），建筑面积 29.44 万平方米，教学行政用房 17.78 万平方米，学生宿舍 8.56 万平方米。学校教学科研仪器设备总值 6564.56 万元，各类馆藏纸质图书、电子图书 113.45 多万册。学校的教室、实验室、计算机室、语音室、体育运动场馆、学生活动用房、学生宿舍、食堂以及教学仪器设备、图书资料和图书阅览室，均能较好地满足本科教学需要。

5. 设置

第一、二段文字前两个字"湖北"为二号、楷体、加粗，并设置黑色底纹（灰度 60%）；其他文字均为五号、宋体，段前段后距为 0 行、行距为单倍行距。

6. 插入图片

"校园教学楼"，嵌入型环绕方式，高度 4cm，宽度 15cm；图片位置靠左对齐，如图 6-5 所示（图片由实验老师提供）。

图 6-5　样图

7. 输入第三段文字 字体为宋体，字号为五号，段前段后距为0行、行距为单倍行距。并设置文字的分栏效果偏左两栏，加分隔线，如图6－6所示。

学校在1993年被国家教育部确定为全国第一批有条件招收外国留学生的高等院校之一。经教育部、国家中医药管理局批准，学院享	有对港、澳、台地区招收本科生、研究生资格,病称为湖北省惟一的对外中医药继续教育基地,至今已与韩国、日本、美国、英国、加拿大、法国、瑞典、意大利、比利时以及港澳台等20多个国家和地区培养了本科生、研究生进修生1000余人。

图6－6 文字

8. 插入横排文本框，并输入文字 如图6－7所示，文字为五号、宋体，段前段后距为0行、行距为最小值0磅。文本框高8cm，宽6.5cm，无边框线，浮于文字上方。

　　在文本框上、下方设置若干横线线条，文本框位置靠左对齐，效果如图6－7所示。

　　1978年，学校开办研究生教育，是全国首批招收中医专业研究生的高等院校之一；1993年获得博士学位受于权，是湖北省最早获得博士学位教于权的省属院校。2007年被批准为博士后科研流动站。现拥有中医学一级学科博士学位授于权，覆盖中医学12个二级学科博士点；拥有中医学、中药学、中西医结合、药学4个一级学科硕士学位授予权，共有22个硕士点，并称为全国首批临床医学硕士专业学位试点单位之一；去得了对在职人员以同等学力授予硕士学位的资格。1999年被国务院学位委员会、国家教育部评为"全国研究生培养和学位管理先进单位"。

图6－7 横排文本　　　　　图6－8 插入图片　　　　　图6－9 设置竖排文本框

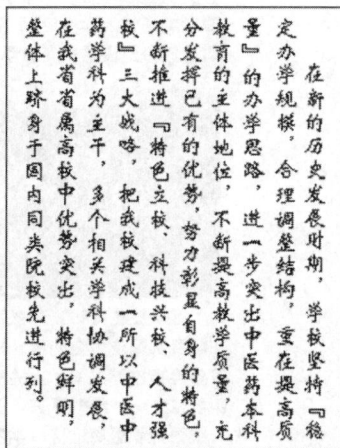

9. 插入图片 "边框"见图6－8所示，浮于文字上方，高度为9cm，宽度为8cm，位置如样图所示，靠右对齐，（图片由实验老师提供）。

10. 插入竖排文本框，并输入文字 如图6－9所示。文字为小四号字、华文新魏、段前段后距0行、行距为最小值0磅，文本框高宽为8.2cm、6.2cm。

11. 设置竖排文本框 无边框线，位置放置在图片"边框"里面，效果如图6－10所示。

12. 保存文件 文档完成后整体效果如样图6－11所示。保存文件，名称为4位学号＋姓名，交作业。

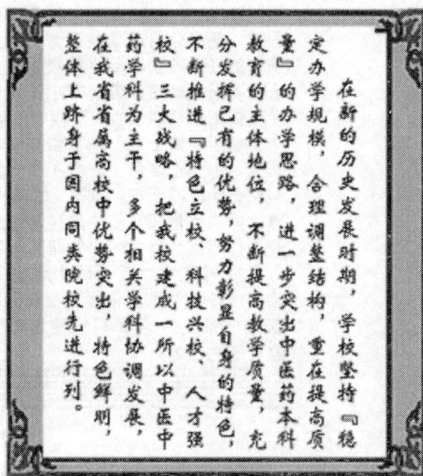

图6－10 效果图

美 湖北中医药大学之春

湖北 中医药大学创建于 1958 年，是湖北省唯一一所高等中医药本科院校，国家教育部本科教学工作水平合格评估优秀学校。2003 年，原湖北中医学院与原湖北药检高等专科学校合并，成立新的湖北中医学院。2010 年 3 月 18 日，教育部批准湖北中医学院更名为湖北中医药大学。

湖北 中医药大学占地面积 107.33 公顷（1610 亩），共有建筑面积 42.29 万平方米，其中主校区（黄家湖校区）占地面积 94 公顷（1410 亩），建筑面积 29.44 万平方米，教学行政用房 17.78 万平方米，学生宿舍 8.56 万平方米。学校教学科研仪器设备总值 6564.56 万元，各类馆藏纸质图书、电子图书 113.45 多万册。学校的教室、实验室、计算机室、语音室、体育运动场馆、学生活动用房、学生宿舍、食堂以及教学仪器设备、图书资料和图书阅览室，均能较好地满足本科教学需要。

学校在 1993 年被国家教育部确定为全国第一批有条件招收外国留学生的高等院校之一。经教育部、国家中医药管理局批准，学院享有对港、澳、台地区招收本科生、研究生资格，并成为湖北省唯一的对外中医药继续教育基地，至今已为韩国、日本、美国、英国、加拿大、法国、瑞典、意大利、比利时以及港澳台等 20 多个国家和地区培养了本科生、研究生、进修生 1000 余人。

1978 年，学校开办研究生教育，是全国首批招收中医专业研究生的高等院校之一；1993 年获得博士学位授予权，是湖北省最早获得博士学位授予权的省属院校。2007 年被批准为博士后科研流动站。现拥有中医学一级学科博士学位授予权，覆盖中医学 12 个二级学科博士点；拥有中医学、中药学、中西医结合、药学 4 个一级学科硕士学位授予权，共有 22 个硕士点，并成为全国首批临床医学硕士专业学位试点单位之一；取得了对在职人员同等学力授予硕士学位的资格。1999 年被国务院学位委员会、国家教育部评为"全国研究生培养和学位管理先进单位"。

在新的历史发展时期，学校坚持"稳定办学规模，合理调整结构，重在提高质量"的办学思路，进一步突出中医药本科教育的主体地位，不断提高教学质量，充分发挥已有的优势，努力彰显自身的特色，不断推进"特色立校、科技兴校、人才强校"三大战略，把我校建成一所以中医中药学科为主干，多个相关学科协调发展，在我省省属高校中优势突出，特色鲜明，整体上跻身于国内同类院校先进行列。

图 6-11　"湖北中医药大学之春"样张

实验七　Excel 基本操作与编辑

【实验目的】

（1）掌握 Excel 的启动与退出。
（2）熟悉 Excel 的窗口组成与操作。
（3）掌握合并单元格的方法。
（4）掌握斜线表头的制作。
（5）掌握利用填充控制柄进行序列填充的方法。
（6）学习相对引用的概念。
（7）掌握单元格颜色填充的方法。
（8）掌握单元格的对齐方式。
（9）掌握工作簿的保存方法。

【实验内容】

请按照图 7－1、图 7－2 的样式完成学生成绩汇总表和图表的制作实验。汇总表及图表数据来源为表 7－1 成绩汇总表数据。

表 7－1　成绩汇总表数据

学号	班级	姓名	性别	高等数学	英语	马哲	大学语文	总分	平均分
2008100201	2008 中医	刘源源	女	80	84	84	88	336	84.0
2008100202	2008 中医	陈哲	男	86	94	94	79	353	88.3
2008100203	2008 药学	刘佩奇	男	71	88	94	88	341	85.3
2008100204	2008 针灸推拿	方思文	女	77	93	85	95	350	87.5
2008100205	2008 药学	周浩	男	84	73	78	96	331	82.8
2008100206	2008 针灸推拿	张秋菊	女	84	73	80	86	323	80.8
2008100207	2008 针灸推拿	张晓晨	女	99	89	93	85	366	91.5
2008100208	2008 药学	李东梅	女	68	74	74	62	278	69.5
2008100209	2008 医学检验	王亚龙	男	75	66	86	81	308	77.0
2008100210	2008 医学检验	赵雨	女	85	85	84	86	340	85.0
2008100211	2008 药学	夏冰	女	80	92	82	95	349	87.3
2008100212	2008 中医	舒心	女	72	62	89	78	301	75.3
2008100213	2008 针灸推拿	王涵	男	88	93	94	86	361	90.3
2008100214	2008 医学检验	岳荣	男	70	55	73	85	283	70.8
2008100215	2008 中医	张晋中	男	56	88	91	84	319	79.8
2008100216	2008 药学	杨鹏飞	男	83	70	68	73	294	73.5

学号	班级	姓名	性别	高等数学	英语	马哲	大学语文	总分	平均分
							学生成绩汇总表		
2008100201	2008中医	刘源源	女	80	84	84	88	336	84.0
2008100202	2008中医	陈哲	男	86	94	94	79	353	88.3
2008100203	2008药学	刘佩奇	男	71	88	94	88	341	85.3
2008100204	2008针灸推拿	方思文	女	77	93	85	95	350	87.5
2008100205	2008药学	周浩	男	84	73	78	96	331	82.8
2008100206	2008针灸推拿	张秋菊	女	84	73	80	86	323	80.8
2008100207	2008针灸推拿	张晓晨	女	99	89	93	85	366	91.5
2008100208	2008药学	李东梅	女	68	74	74	62	278	69.5
2008100209	2008医学检验	王亚龙	男	75	66	86	81	308	77.0
2008100210	2008医学检验	赵雨	女	85	85	84	86	340	85.0
2008100211	2008药学	夏冰	女	80	92	82	95	349	87.3
2008100212	2008中医	舒心	女	72	62	89	78	301	75.3
2008100213	2008针灸推拿	王涵	男	88	93	94	86	361	90.3
2008100214	2008医学检验	岳荣	男	70	55	73	85	283	70.8
2008100215	2008中医	张晋中	男	56	88	91	84	319	79.8
2008100216	2008药学	杨鹏飞	男	83	70	68	73	294	73.5

图7-1　成绩汇总表

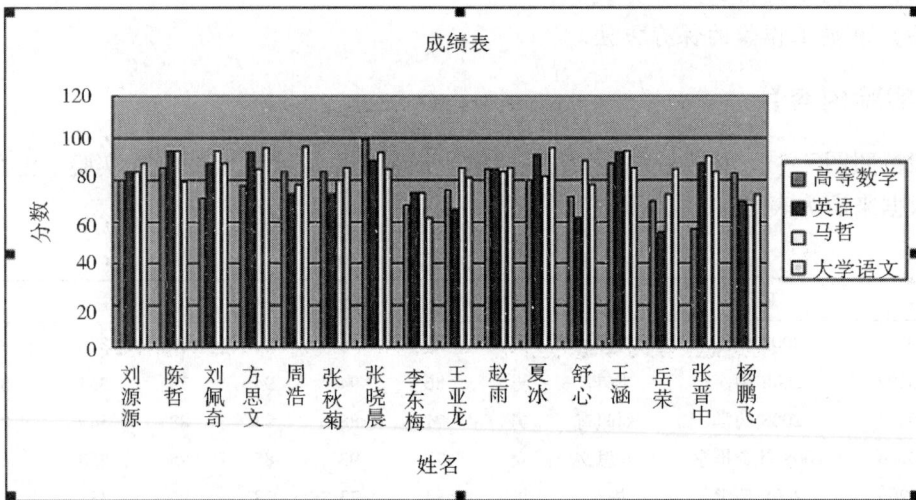

图7-2　成绩汇总图表

（1）表标题格式设置：合并单元格，文字格式：字形为"华文行楷"，字号为"24"。

（2）列标题格式设置：字形为"楷体"，字号为"16"。

（3）其他单元格格式设置：字形为"宋体"，字号为"12"，列宽设置为最适合的列宽，表格边框设置为有外边框和内边框。

（4）A列学号以文本格式输入。

（5）I列总分以函数求和，自动填充。

（6）J列平均分以函数求平均分，自动填充，小数点位设置为1位。

（7）隐藏D列性别，以第C列至H列为数据源制作图表。

【实验操作】

1. 启动 Excel 依次单击"开始"→"所有程序"→"Microsoft Excel",可打开 Excel 窗口。此时已打开一个 Excel 的工作簿文件,其默认文件名为 Book1。

2. Excel 的窗口及操作

(1) Excel 窗口组成,从上往下依次为:标题栏、菜单栏、工具栏、工作区、状态栏等。

(2) 工具栏的显示与隐藏:依次单击"视图"→"工具栏",在其子菜单中进行选择,菜单名前面有"√"标记的表明该工具条正显示在窗口中,再单击后可以隐藏。菜单名前没有"√"标记的表明该工具条处于隐藏状态,单击后可以将其显示在 Excel 窗口中。可以通过该项设置,来显示所需的"格式"工具栏或"常用"工具栏。

3. 标题的制作 选中 A1 至 J1 单元格,在"常用"工具栏上选择"合并及居中"按钮,然后输入:"学生成绩汇总表";

也可选中 A1 至 J1 单元格后,在菜单栏的"格式"下拉菜单中,选择"单元格"选项,在"对齐"选项卡中设置"合并单元格"。水平对齐和垂直对齐均设为"居中",在文本控制下的复选框中选中"合并单元格"。

4. 填充学号的方法 在 A3 单元格中输入"'2008100201",在 A4 单元格中输入"'2008100202",然后选中 A3,A4 单元格。拖动填充柄,拖动到 A18 单元格,放开鼠标。

5. 单元格格式设置 按照表 7-1 中数据内容输入学生的姓名、性别、班级和成绩等所有的数据后;

(1) 选择 A1 单元格,选择"格式"菜单→"单元格"命令,打开单元格格式对话框。设置字形为"华文行楷",字号为"24",颜色为"蓝色"。

(2) 选择第二行各单元格,在第二行各单元格输入相应列标题。同样打开单元格格式对话框,设置字形为"楷体",字号为"16",边框为内边框和外边框。

(3) 选中其他数据单元格,打开单元格格式对话框,设置字形为"宋体",字号为"12",边框为内边框和外边框。

(4) 选中 A~J 列,选择"格式"菜单→"列"→"最合适的列宽"。

6. 设置单元格中内容的对齐方式 选择整个数据区域,单击"格式"→"单元格",在出现的"单元格"对话框中,单击"对齐"选项卡,把水平对齐和垂直对齐都设置为居中即可。

7. 条件格式设置 选择整个数据区域,单击菜单"格式"→"条件格式"命令,打开条件格式对话框,选择"单元格数值","小于","60",单击"格式"按钮,在弹出的对话框中设置"颜色"为红色,如图 7-3 所示,然后单击"确定"按钮即可。

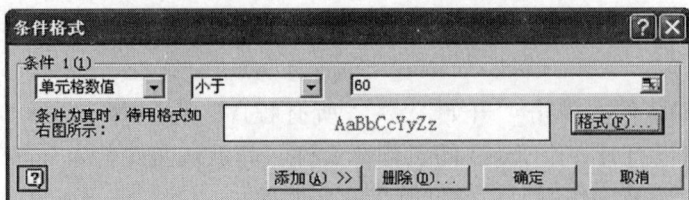

图 7 - 3　求总分

8. 公式的应用

（1）选中 I3 单元格，选择常用工具栏上"自动求和"按钮 **Σ** |▼，选择数据范围 E3：H3，回车确定输入。

（2）拖动 I3 单元格的填充柄，向下填充数据至 I18 单元格即可。

（3）选中 J3 单元格，选择常用工具栏上"自动求和"按钮旁的小黑按钮，如图 7 - 4 所示，在弹出的菜单中选择"平均分"命令，选择数据范围为 E3：H3，回车确定输入。

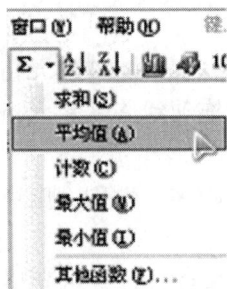

图 7 - 4　求平均分

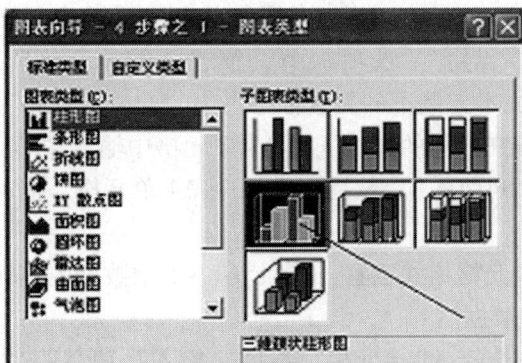

图 7 - 5　图表向导第一步　选择图表类型

（4）拖动 J3 单元格的填充柄，向下填充数据至 J18 单元格即可。

9. 图表的插入

（1）移动鼠标到 D 列标题右边的边缘处，鼠标变形为 ╂，向左拖动，至与 C 列右侧边合并，隐藏 D 列。

（2）选择"插入"菜单→"图表"命令，打开"图表向导"对话框，选择图表类型为"簇状柱形图"，如图 7 - 5 所示；图表向导第二步设置数据源为 = Sheet1！\$ C \$ 2：\$ H \$ 18，如图 7 - 6 所示；图表向导第三步设置"图表标题"为"成绩表"，"分类轴"为"姓名"，"数值轴"为"分数"；图表向导第四步设置"作为其中的对象插入"。

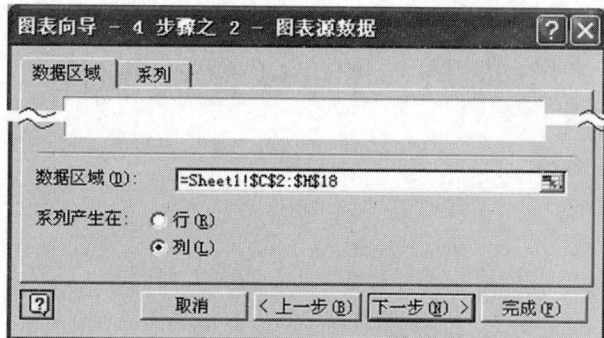

图7-6 图表向导第二步 选择图表数据源

10. 工作表的保存 对工作表的操作完成之后，一定要注意保存。依次单击"文件"→"保存"，第一次保存会出现"保存"对话框，如图7-7所示。在"保存位置"中选择保存位置，在"文件名"列表框后输入所需文件名，"保存类型"为"Microsoft Excel 工作簿"，然后单击"保存"按钮即可。

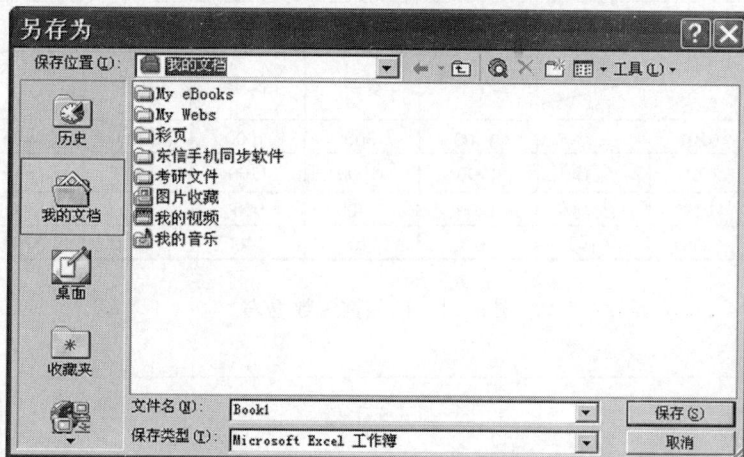

图7-7 "保存"对话框

实验八　Excel 图表制作

【实验目的】

（1）掌握多行表头的制作。
（2）掌握以零开头数据的输入方法。
（3）掌握创建图表的方法。
（4）掌握编辑图表的方法。

【实验内容】

按图 8-1 内容数据制作图表如图 8-2 所示。

	A	B	C	D	E	F	G
1	各药品销售量统计表						
2	编号	季节 药品	春季	夏季	秋季	冬季	合计
3	0101	人参	1400	800	1000	1200	4400
4	0203	鹿茸	1900	1000	1100	1500	5500
5	0205	冬虫夏草	1200	1400	900	800	4300
6	0307	当归	1500	1200	1400	1600	5700

图 8-1　药品销售数据表

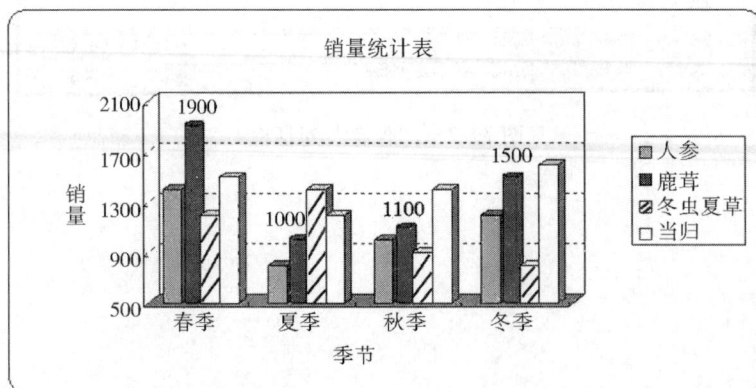

图 8-2　销量统计图表

1. 绘制多行表头 表头斜线用"绘图工具栏"中的直线绘制，其余操作方法参照实验九。

2. 输入以 0 开头的数据 输入时，在零前面可以先输入英文单撇号（'）；或将单元格设置为"文本"格式后直接输入。

3. 用公式或函数计算"合计"档的值

（1）选择 G3 在 G3 区域单击常用工具栏的自动求和按钮 ，即可自动将人参的销售数量求和结果计算并填入到 G3 单元格。再选定 G3，利用填充控制柄向下拖动进行公式复制。

（2）选择 G3，单击常用工具栏的 Σ 按钮右边的向下小箭头，在出现的列表框中选择"求和"，再进行适当的选择即可。

（3）选择 G3，输入" = SUM（C3：F3）"，再按回车键即可。

4. 用"图表向导"创建一个图表 首先建立上图所示的工作表，再按以下步骤操作。

（1）选定待显示于图表中的数据所在的单元格。如果希望数据的行列标题也显示在图表中，则选定区域还应包括含有标题的单元格。本实验中选定的区域为 C3：F6。

（2）单击工具栏上的图表向导按钮 ，出现"图表向导"对话框，如图 8 - 3 所示。

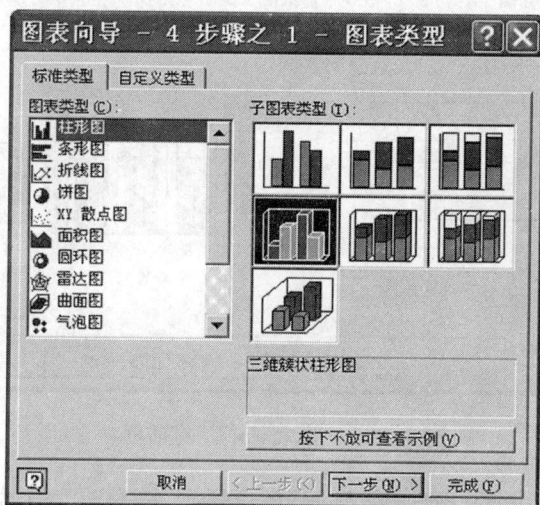

图 8 - 3 "图表向导"对话框

（3）选择图表类型为"柱形图"，子图表类型为簇状柱形图。再单击"下一步"。

（4）在出现"图表源数据"对话框，单击"系列"选项卡，如图 8 - 4 所示。单击"系列 1"，再单击右边的名称框后的按钮，回到数据表中选择 B3 单元格。同理依次更改系列名称；设置分类 X 轴标志的方法同上，选中的区域为 C2：F2。结果如图 8 - 5 所示。然后单击"下一步"。

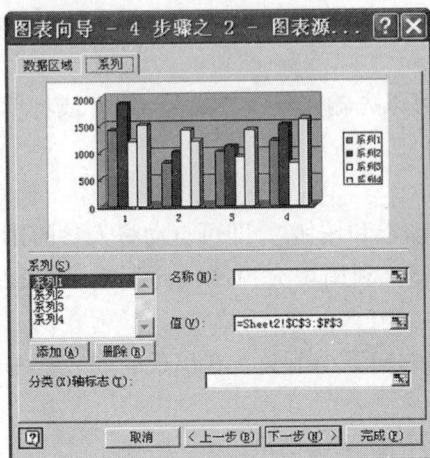

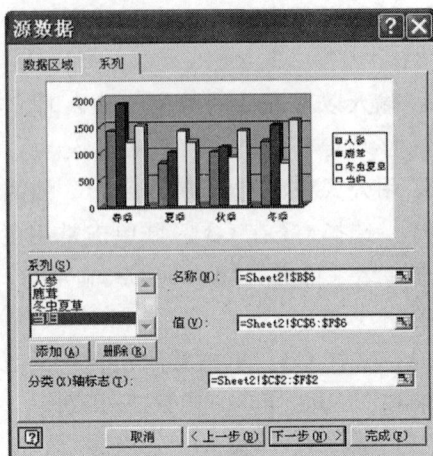

图 8-4 "图表数据源"对话框   图 8-5 设置系列名称和分类 X 轴标志

（5）在出现的"图表选项"对话框中，输入标题后，如图 8-6 所示。然后单击"下一步"。

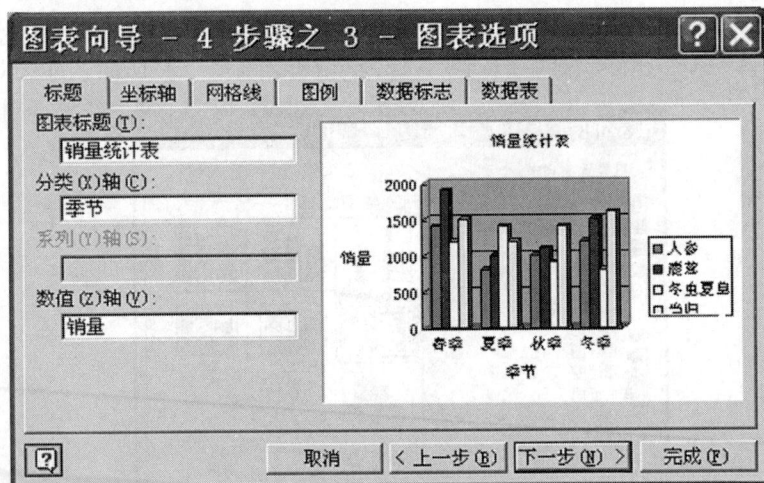

图 8-6 "图表选项"对话框

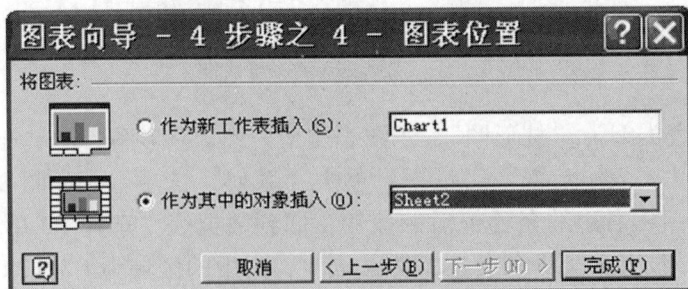

图 8-7 "图表位置"对话框

（6）在出现的"图表位置"对话框中，按默认设置，如图 8 – 7 所示，然后单击"完成"按钮即可做出如图 8 – 2 所示的图表。

5. 编辑图表

（1）调整嵌入图表的大小和位置将鼠标移到图表位置，单击左键即可选定图表，图表的边框会出现 8 个小黑方块，称为尺寸控点。在图表区按住鼠标左键拖动到适当位置即可。

将鼠标移动到选定图表边框的小黑方块上，鼠标指针变为双向箭头，再按住鼠标左键拖动可调整图表大小。

（2）添加和删除数据选定要删除的数据区域，如选择上例中的 C6：F6，再按删除键，则该行数据被清除，对应图表中的该项也被清除。

如果添加数据，先选定要添加的数据区域，在其上右击鼠标，在出现的快捷菜单中选择"复制"，然后单击选定图表，右击鼠标，选择"粘贴"则将选定的数据添加到图表中。

（3）删除图表单击选定图表，右击鼠标，选择"清除"。

（4）坐标轴数值的设定在坐标轴上右击鼠标，选择"坐标轴格式"，在"刻度"选项卡中设置最小值、最大值、主要刻度单位，如图 8 – 8 所示。

（5）在图表中显示系列的值在"鹿茸"的红色柱形系列上右击鼠标，选择"数据系列格式"，在"数据标志"选项卡中，选中"值"，如图 8 – 9 所示，然后单击"确定"。

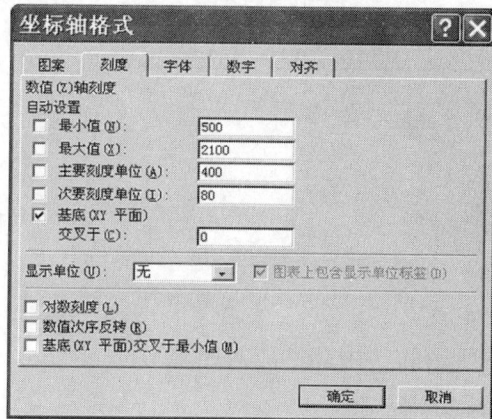

图 8 – 8　坐标轴格式设置　　　　　　图 8 – 9　显示"数据标志"

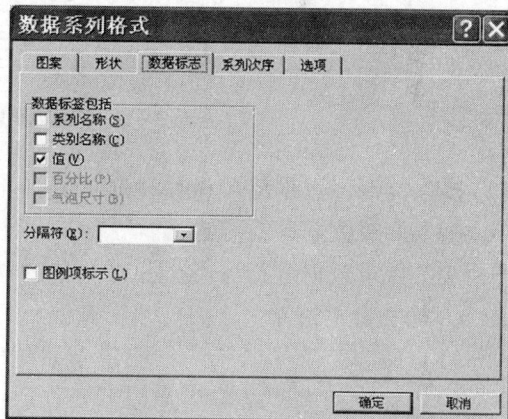

实验九 Excel 的数据管理

【实验目的】

（1）掌握电子表格中数据的排序。

（2）掌握数据筛选的方法。

（3）掌握数据分类汇总的方法。

【实验内容】

建立如图 9-1 所示的数据清单"中药性能对照表"。

序号	类别	药名	四气	五味	归经	功效
					中药性能对照表	
1	补阴药	明党参	寒	甘苦	肺脾肝	润肺化痰，养阴和胃，平肝
2	补气药	蜂蜜	平	甘	归肺，脾经	补中，润燥，止痛，解毒。
3	补阳药	鹿茸	温	甘，咸	归肾肝	补肾阳，益精血，强筋骨，调任冲，托疮毒。
4	补血药	当归	温	甘，辛	肝心脾	补血调经，活血止痛，润肠通便
5	补阳药	续断	微温	苦辛	归肾肝	补益肝肾，强筋壮骨，止血安胎，疗伤续断。
6	补血药	白芍	寒	苦，酸	肝脾	养血敛阴，柔肝止痛，平抑肝阳
7	补气药	白术	温	甘苦	脾胃	健脾益气，燥湿利尿，止汗，安胎
8	补阴药	女贞子	凉	苦甘	肝肾	滋补肝肾，乌须明目
9	补阳药	仙茅	热	辛	归肾肝	温肾壮阳，祛寒除湿。
10	补气药	绞股蓝	寒	甘，苦	归脾，肺经	益气健脾，化痰止咳，清热解毒

图 9-1 数据清单"中药性能对照表"

按条件对该数据清单进行排序。

按条件对数据进行筛选。

按条件对数据进行分类汇总。

1. 建立数据清单

（1）按实验十一所示的方法建立如图 9-1 所示的"中药性能对照表"。

（2）建立数据清单应注意以下要点。

① 数据清单的一列为一个字段，列标题名为字段名，数据清单的一行为一条记录。每列都有一个列标题；② 数据清单中不能有空行或空列，一列中的数据为同一种类型；③ 不要在一张工作表中建立多个数据清单。

2. 排序

（1）对一列数据排序 对单列进行数据排序时，我们可以利用工具栏上的两个排序按钮""和""。其中 A 到 Z 代表递增排序，Z 到 A 代表递减排序。

使用工具按钮排序的步骤如下：① 选取要排序的范围；② 在递增或递减按钮上单击，即可完成排序工作。

（2）对多行数据进行排序 对图9-1的"中药性能对照表"分别按"类别"进行升序排列，按"四气"进行降序排列。① 单击该数据清单中的任一单元格。② 依次单击"数据"菜单上的"排序"命令，出现一个如图9-2所示的对话框。③ 在"主要关键字"的下拉列表中选择主要关键字为"类别"，选择"升序"排序；次要关键字为"四气"，选择"降序"排序。④ 如果在数据清单中的第一行包含列标记，在"排序"框中选定"有标题行"选项按钮，以使该行排除在排序之外，或选定"无标题行"使该行也被排序。⑤ 按下"确定"按钮。我们就可以看到排序后的结果，如图9-3所示。

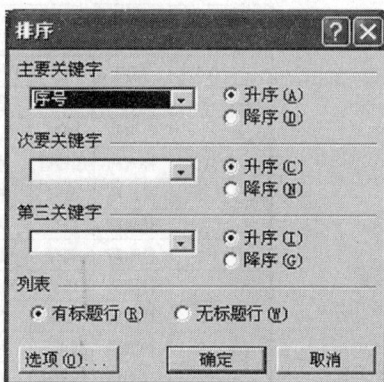

图9-2 "排序"对话框

	A	B	C	D	E	F	G
1					中药性能对照表		
2	序号	类别	药名	四气	五味	归经	功效
3	7	补气药	白术	温	甘苦	脾胃	健脾益气，燥湿利尿，止汗，安胎
4	2	补气药	蜂蜜	平	甘	归肺，脾经	补中，润燥，止痛，解毒
5	10	补气药	绞股蓝	寒	甘，苦	归脾，肺经	益气健脾，化痰止咳，清热解毒
6	4	补血药	当归	温	甘，辛	肝心脾	补血调经，活血止痛，润肠通便
7	6	补血药	白芍	寒	苦，酸	肝脾	养血敛阴，柔肝止痛，平抑肝阳
8	3	补阳药	鹿茸	温	甘，咸	归肾肝	补肾阳，益精血，强筋骨，调任冲，托疮毒。
9	5	补阳药	续断	微温	苦辛	归肾肝	补益肝肾，强筋壮骨，止血安胎，疗伤续断。
10	9	补阳药	仙茅	热	辛	归肾肝	温肾壮阳，祛寒除湿。
11	8	补阴药	女贞子	凉	苦甘	肝肾	滋补肝肾，乌须明目
12	1	补阴药	明党参	寒	甘苦	肺脾肝	润肺化痰，养阴和胃，平肝

图9-3 排序结果

注意：不管是用列或用行排序，当数据表内的单元格引用到其他单元格内作数据时，有可能因排序的关系，使公式的引用地址错误，从而使数据表内的数据不正确。

3. 数据筛选 筛选数据清单可以使我们快速寻找和使用数据清单中的数据子集。筛选功能可以使 Excel 只显示出符合我们设定筛选条件的某一值或符合一组条件的行，而隐藏其他行。在 Excel 中提供了"自动筛选"和"高级筛选"命令来筛选数据。

（1）使用"自动筛选"来筛选数据如果要执行自动筛选操作，在数据清单中必须有列标记。其操作步骤如下：① 在要筛选的数据清单中选定单元格；② 执行"数据"菜单中的"筛选"命令，然后选择子菜单中的"自动筛选"命令；③ Excel 就会在数据清单中每一个列标记的旁边插入下拉箭头，如图9-4所示。④ 单击包含想显示的数据列中的箭头，我们就可以看到一个下拉列表，如图9-5所示。⑤ 选定要显示的项，在工作表中我们就可以看到筛选后的结果，如图9-6所示。

	A	B	C	D	E	F	G
1					中药性能对照表		
2	序号	类别	药名	四气	五味	归经	功效
3	7	补气药	白术	温	甘苦	脾胃	健脾益气，燥湿利尿，止汗，安胎
4	2	补气药	蜂蜜	平	甘	归肺，脾经	补中，润燥，止痛，解毒。
5	10	补气药	绞股蓝	寒	甘，苦	归脾，肺经	益气健脾，化痰止咳，清热解毒
6	4	补血药	当归	温	甘，辛	肝心脾	补血调经，活血止痛，润肠通便
7	6	补血药	白芍	寒	苦，酸	肝脾	养血敛阴，柔肝止痛，平抑肝阳
8	3	补阳药	鹿茸	温	甘，咸	归肾肝	补肾阳，益精血，强筋骨，调任冲，托疮毒。
9	5	补阳药	续断	微温	苦辛	归肾肝	补益肝肾，强筋荐骨，止血安胎，疗伤续断。
10	9	补阳药	仙茅	热	辛	归肾肝	温肾壮阳，祛寒除湿。
11	8	补阴药	女贞子	凉	苦甘	肝肾	滋补肝肾，乌须明目
12	1	补阴药	明党参	寒	甘苦	肺脾肝	润肺化痰，养阴和胃，平肝

图 9-4 选中"自动筛选"后的结果

	A	B	C	D	E	F	G
1					中药性能对照表		
2	序号	类别	药名	四气	五味	归经	功效
3	7	(全部) (前 10 个…) (自定义…) 补气药 补血药 补阳药 补阴药	白术	温	甘苦	脾胃	健脾益气，燥湿利尿，止汗，安胎
4	2		蜂蜜	平	甘	归肺，脾经	补中，润燥，止痛，解毒。
5	10		绞股蓝	寒	甘，苦	归脾，肺经	益气健脾，化痰止咳，清热解毒
6	4	补血药	当归	温	甘，辛	肝心脾	补血调经，活血止痛，润肠通便
7	6	补血药	白芍	寒	苦，酸	肝脾	养血敛阴，柔肝止痛，平抑肝阳
8	3	补阳药	鹿茸	温	甘，咸	归肾肝	补肾阳，益精血，强筋骨，调任冲，托疮毒。
9	5	补阳药	续断	微温	苦辛	归肾肝	补益肝肾，强筋荐骨，止血安胎，疗伤续断。
10	9	补阳药	仙茅	热	辛	归肾肝	温肾壮阳，祛寒除湿。
11	8	补阴药	女贞子	凉	苦甘	肝肾	滋补肝肾，乌须明目
12	1	补阴药	明党参	寒	甘苦	肺脾肝	润肺化痰，养阴和胃，平肝

图 9-5 筛选"补血药"类别的记录

	A	B	C	D	E	F	G
1					中药性能对照表		
2	序号	类别	药名	四气	五味	归经	功效
6	4	补血药	当归	温	甘，辛	肝心脾	补血调经，活血止痛，润肠通便
7	6	补血药	白芍	寒	苦，酸	肝脾	养血敛阴，柔肝止痛，平抑肝阳

图 9-6 建立"自动筛选"的结果

（2）对于上面的筛选，我们还可以通过使用"自定义"功能来实现条件筛选所需要的数据。

如果要符合一个条件，可以按照下列步骤执行。

① 在要筛选的数据清单中选定单元格。② 执行"数据"菜单中的"筛选"命令，然后选择子菜单中的"自动筛选"命令。③ 在数据清单中每一个列标记的旁边插入下拉箭头，单击包含我们想显示的数据列中的箭头，就可以看到一个下拉列表。④ 选定"自定义"选项，出现一个自定义对话框，如图 9-7 所示。⑤ 单击第一个框旁边的箭头，然后选定我们要使用的比较运算符。单击第二个框旁边的箭头，然后选定我们要使用的数值。在本例中设定的条件为：类别等于补血药的记录。单击"确定"按钮，

就可以看到如图9-6的筛选结果。

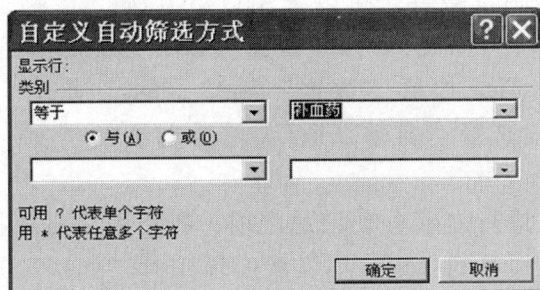

图9-7 自定义自动筛选对话框

（3）如果要符合两个条件，可以按照下列步骤执行：① 在要筛选的数据清单中选定单元格。执行"数据"菜单中的"筛选"命令，然后选择子菜单中的"自动筛选"命令。② 在数据清单中每一个列标记的旁边插入下拉箭头。单击包含想显示的数据列中的箭头，就可以看到一个下拉列表。③ 选定"自定义"选项，出现一个自定义对话框。单击第一个框旁边的箭头，然后选定我们要使用的比较运算符。在第二个框中，键入想和比较运算符一起利用的数。选定"与"选项按钮或"或"选项按钮。如果要显示同时符合两个条件的行，选定"与"选项按钮；若要显示满足条件之一的行，选定"或"选项按钮。再在第二个框中指定第二个条件，如图9-8所示。④ 最后按下"确定"按钮，就可以看到图9-9的显示。

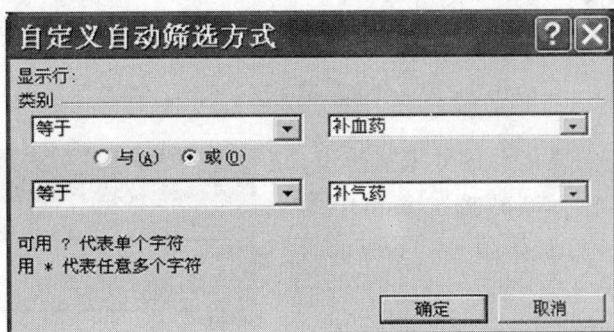

图9-8 设置类别是补血药或者补气药的记录条件

A	B	C	D	E	F	G
1			中药性能对照表			
2	序号	类别	药名	四气	五味	归经	功效
3	7	补气药	白术	温	甘苦	脾胃	健脾益气，燥湿利尿，止汗，安胎
4	2	补气药	蜂蜜	平	甘	归肺，脾经	补中，润燥，止痛，解毒。
5	10	补气药	绞股蓝	寒	甘，苦	归脾，肺经	益气健脾，化痰止咳，清热解毒
6	4	补血药	当归	温	甘，辛	肝心脾	补血调经，活血止痛，润肠通便
7	6	补血药	白芍	寒	苦，酸	肝脾	养血敛阴，柔肝止痛，平抑肝阳

图9-9 自动筛选的结果

（4）要取消数据筛选条件，可以采用以下方法：① 移去列的筛选，单击设定条件列旁边的箭头，然后从下拉式数据列表中选定"全部"；② 重新显示筛选数据清单中的所有行，执行"数据"菜单上的"筛选"菜单中的"全部显示"命令；③ 再单击选择"自动筛选"，消除前面的"√" 即可恢复到筛选前的状态。

4. 分类汇总　在进行自动分类汇总之前，我们必须对数据清单进行排序。数据清单的第一行里必须有列标记。本实验要求先对"类别"进行排序。具体操作步骤如下。

（1）将数据清单按要进行分类汇总的列进行排序，如图 9 – 10 所示。在本例中我们按"类别"进行排序。

	A	B	C	D	E	F	G
1					中药性能对照表		
2	序号	类别	药名	四气	五味	归经	功效
3	7	补气药	白术	温	甘苦	脾胃	健脾益气，燥湿利尿，止汗，安胎
4	2	补气药	蜂蜜	平	甘	归肺，脾经	补中，润燥，止痛，解毒。
5	10	补气药	绞股蓝	寒	甘，苦	归脾，肺经	益气健脾，化痰止咳，清热解毒
6	4	补血药	当归	温	甘，辛	肝心脾	补血调经，活血止痛，润肠通便
7	6	补血药	白芍	寒	苦，酸	肝脾	养血敛阴，柔肝止痛，平抑肝阳
8	3	补阳药	鹿茸	温	甘，咸	归肾肝	补肾阳，益精血，强筋骨，调任冲，托疮毒。
9	5	补阳药	续断	微温	苦辛	归肾肝	补益肝肾，强筋荐骨，止血安胎，疗伤续断。
10	9	补阳药	仙茅	热	辛	归肾肝	温肾壮阳，祛寒除湿。
11	8	补阴药	女贞子	凉	苦甘	肝肾	滋补肝肾，乌须明目
12	1	补阴药	明党参	寒	甘苦	肺脾肝	润肺化痰，养阴和胃，平肝

图 9 – 10　分类汇总前按"类别"排序

（2）在要进行分类汇总的数据清单里，选取一个单元格。执行"数据"菜单中的"分类汇总"命令，打开如图 9 – 11 所示的对话框。

（3）在"分类字段"框中，选择"类别"；在"汇总方式"列表框中，选择想用来进行汇总数据的函数，此处选择的是"计数"；在"选定汇总项"中，选择包含有要进行汇总的数值的那一列或者接受默认选择。按下"确定"按钮，我们就可以看到如图 9 – 12 所示的结果。

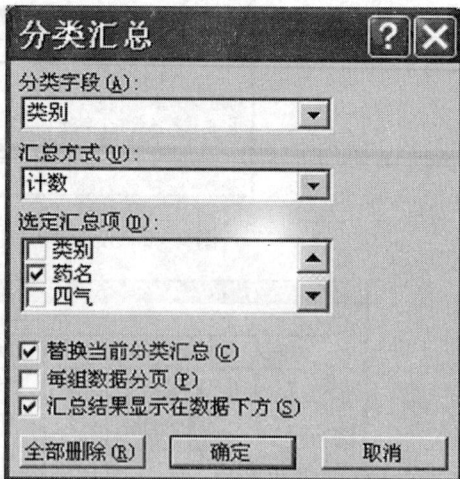

图 9 – 11　分类汇总对话框

1 2 3		A	B	C	D	E	F	G
	1				中药性能对照表			
	2	序号	类别	药名	四气	五味	归经	功效
	3	7	补气药	白术	温	甘苦	脾胃	健脾益气，燥湿利尿，止汗，安胎
	4	2	补气药	蜂蜜	平	甘	归肺，脾经	补中，润燥，止痛，解毒。
	5	10	补气药	绞股蓝	寒	甘，苦	归脾，肺经	益气健脾，化痰止咳，清热解毒
	6		补气药 计数	3				
	7	4	补血药	当归	温	甘，辛	肝心脾	补血调经，活血止痛，润肠通便
	8	6	补血药	白芍	寒	苦，酸	肝脾	养血敛阴，柔肝止痛，平抑肝阳
	9		补血药 计数	2				
	10	3	补阳药	鹿茸	温	甘，咸	归肾肝	补肾阳，益精血，强筋骨，调任冲，托疮毒。
	11	5	补阳药	续断	微温	苦辛	归肾肝	补益肝肾，强筋荮骨，止血安胎，疗伤续断。
	12	9	补阳药	仙茅	热	辛	归肾肝	温肾壮阳，祛寒除湿。
	13		补阳药 计数	3				
	14	8	补阴药	女贞子	凉	苦甘	肝肾	滋补肝肾，乌须明目
	15	1	补阴药	明党参	寒	甘苦	肺脾肝	润肺化痰，养阴和胃，平肝
	16		补阴药 计数	2				
	17		总计数	10				

图 9 – 12　分类汇总的结果

5. 移去所有自动分类汇总

对于不再需要的或者错误的分类汇总，我们可以将之取消，其操作步骤如下。

（1）在分类汇总数据清单中选择一个单元格。

（2）执行"数据"菜单中选择"分类汇总"命令，在屏幕上看到分类汇总对话框。

（3）按下"全部删除"按钮即可。

实验十　Excel 综合练习

【实验目的和要求】

Excel 数据表、图表的综合应用。

【实验内容】

制作图 10 – 1 所示的 Excel 数据表和图表。

各基金管理公司旗下开放式基金净值增长率排行榜

序号	基金代码	基金名称	单位净值（元）	最近一周（2002.11.15 – 2002.11.22）		最近一月（2002.10.25 – 2002.11.22）		设立以来（2001.12.31 – 2002.11.22）
				净值增长率	排序	净值增长率	排序	排序
1	040001	华安	0.926	-2.32%	5	-3.74%	6	5
2	202001	南方	0.916	-2.45%	6	-4.57%	7	4
3	000001	华夏	0.969	-1.72%	3	-2.71%	5	1
4	020001	国泰	0.899	-2.81%	7	-5.96%	8	7
5	206001	鹏华	0.874	-2.85%	8	-1.01%	1	8
6	100016	富国	0.931	-1.81%	4	-1.32%	2	6
7	110001	易方达	0.952	-0.71%	1	-1.19%	3	3
8	161601	融通	0.974	-1.31%	2	-2.01%	4	2
	平均		0.930	-2.00%		-2.81%		

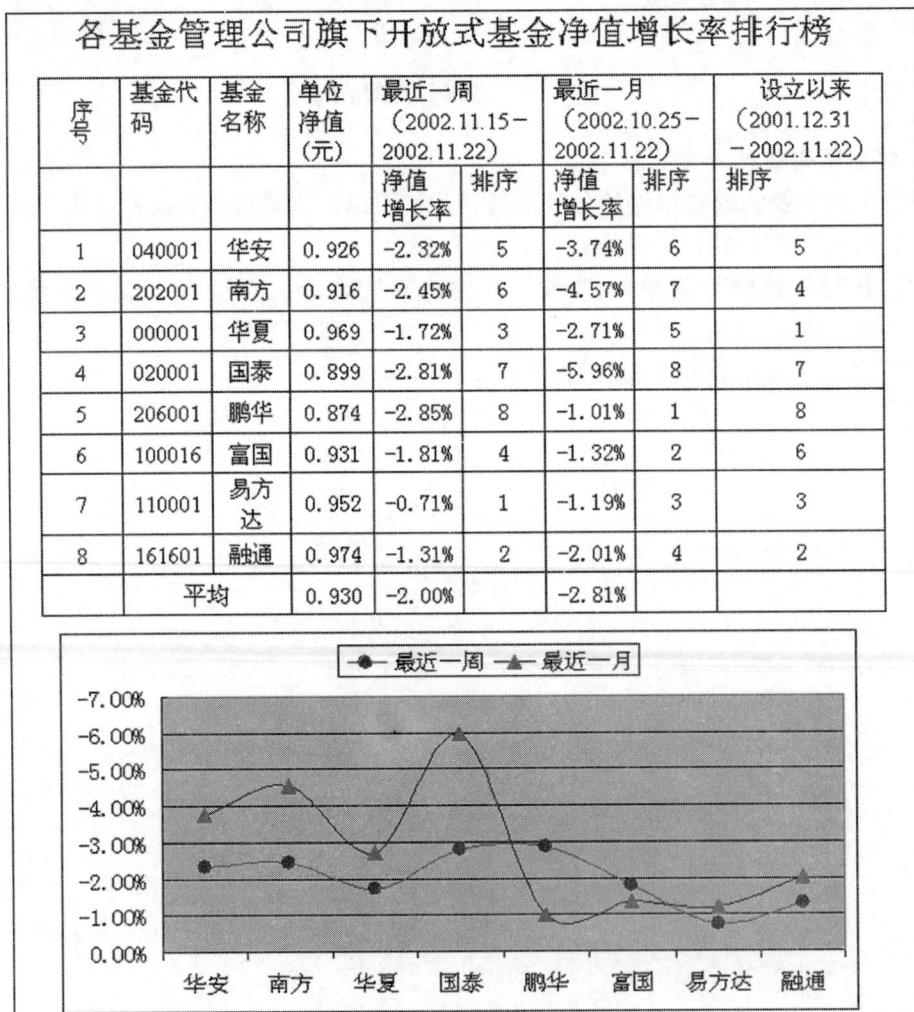

图 10 – 1　实验十样图

1. 建立 Excel 文档 启动 Excel 2003，建立一个空 Excel 文档。在窗口中设置工具栏"格式"、"常用"；关闭其他工具栏。

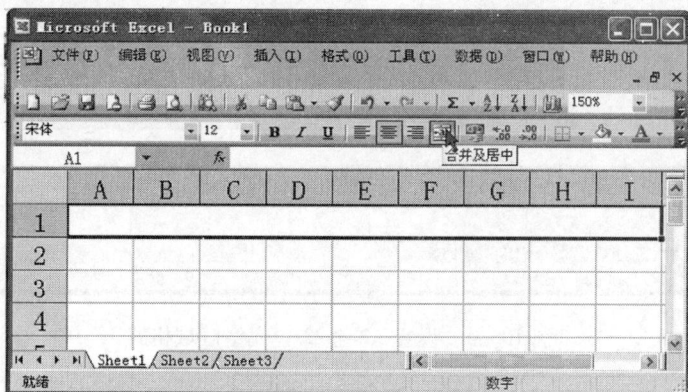

图 10-2 合并 A1 至 I1 单元格

2. 合并单元格

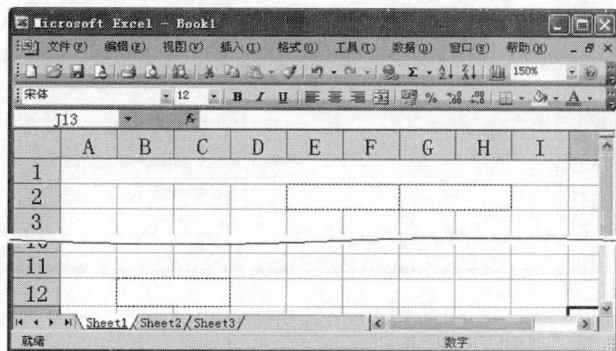

图 10-3 合并单元格

（1）合并 A1 至 I1 单元格，制作标题单元格选择 A1 至 I1 单元格，单击"格式"工具栏中的"合并及居中"工具按钮，完成 A1 至 I1 单元格合并操作，如图 10-2 所示。

（2）合并 E2 至 F2、G2 至 H2、B12 至 C12 单元格，合并后的效果如图 10-3 所示。

3. 设置单元格格式

（1）设置 A2 至 I2 单元格区域格式选择 A2 至 I2 单元格区域，如图 10-4 所示在选择区域上右击鼠标，弹出快捷菜单，如图 10-5 所示。在菜单中选择"设置单元格格式"选项，打开"单元格格式"对话框，如图 10-6 所示。

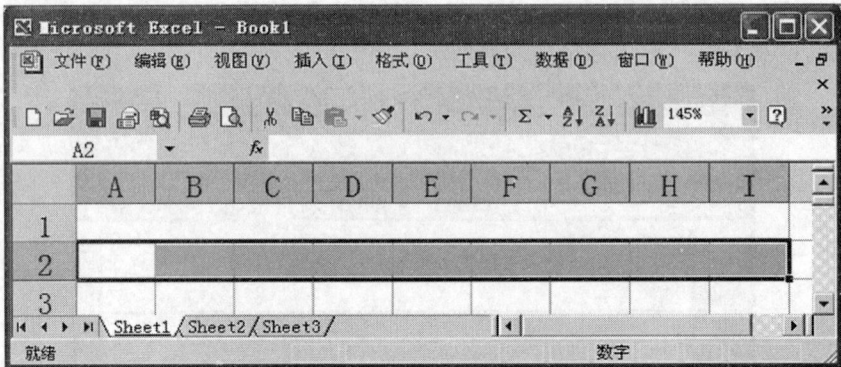

图 10 - 4   设置 A2 至 I2 单元格区域格式

图 10 - 5   快捷菜单

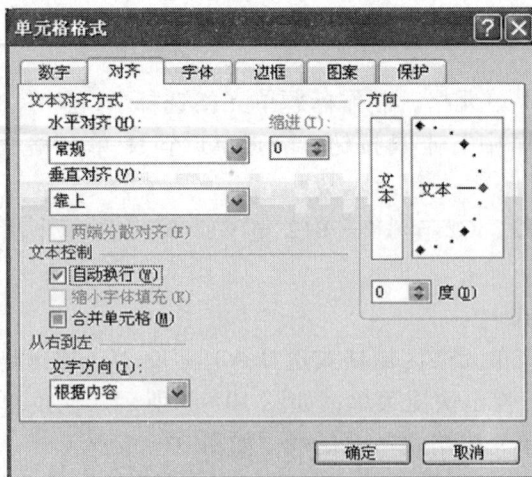

图 10 - 6   单元格格式对话框

在对话框中选择"对齐"选项卡，设置水平对齐为"常规"；垂直对齐为"靠上"；在"自动换行"前的方框中打上"√"标记，如图 10 – 6 所示，按"确定"按钮完成设置。

（2）设置 A3 至 I12 单元格区域格式选择 A3 至 I12 单元格区域，在"对齐"选项卡中设置水平对齐为"居中"；垂直对齐为"居中"；在"自动换行"前的方框中打上"√"标记。

4. 输入数据表数据内容

（1）按图 10 – 1 数据表内容输入数据标题为"宋体、18 号"字；其他为"宋体、12 号"字。

（2）输入"基金代码列"数据方法因为基金代码中有前置"0"，在输入每个代码前要先输入一个英文标点符号状态下的单引号，否则代码中的前置"0"不能显示。如图 10 – 7 所示。

（3）输入单位净值列的小数数据时，设置小数位数为 3 位小数选择 D4 至 D12 单元格区域，打开如图 10 – 6 所示"单元格格式"对话框。在对话框中选择"数字"选项卡，在"分类"列表框中选择"数值"选项，在"小数位数"组合框中输入"3"，如图 10 – 8 所示，按"确定"按钮完成设置。

图 10 – 7　输入字符型数字

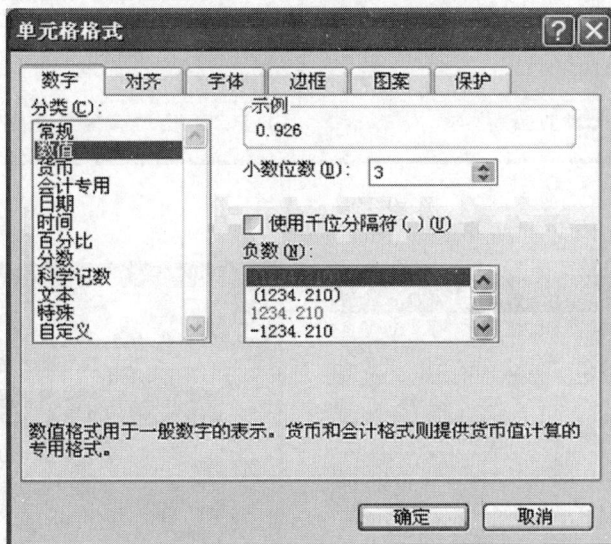

图 10 – 8　设置小数位数

（4）输入"净值增长率"列百分率数据方法例如输入 – 2.32%。

选择 E4 单元格，输入数据 – 2.32，输入百分号"%"。

注意，如果输入数据后，数据显示为小数形式 – 0.0232，可以按（3）中的方法对单元格进行设置，如图 10 – 8 所示。在"分类"列表框中选择"百分比"，在"小数位数"框中输入"2"。

（5）调整表格行高与列宽各行的高与各列的宽见表 10 – 1 中数据。

表 10 – 1　行高与列宽数据

	第 1 行	第 2 行	第 3 行	第 4 ~ 12 行	第 A ~ H 列	第 I 列
像素	45	62	45	28	60	120

表格单行或单列高、宽度的调整方法（如调整第 1 行）：鼠标单击第 1 行行号，第 1 行被选中，呈高亮度蓝色，如图 10 – 9 所示。移动鼠标至第 1 行与第 2 行间的分割线上，鼠标指针变为如图""形状；按下鼠标左键，右上角显示第 1 行的高度指示，如图 10 – 10 所示。拖动鼠标上下移动，使得高度为 33.75（45 像素）即可松开鼠标左键，完成调整。

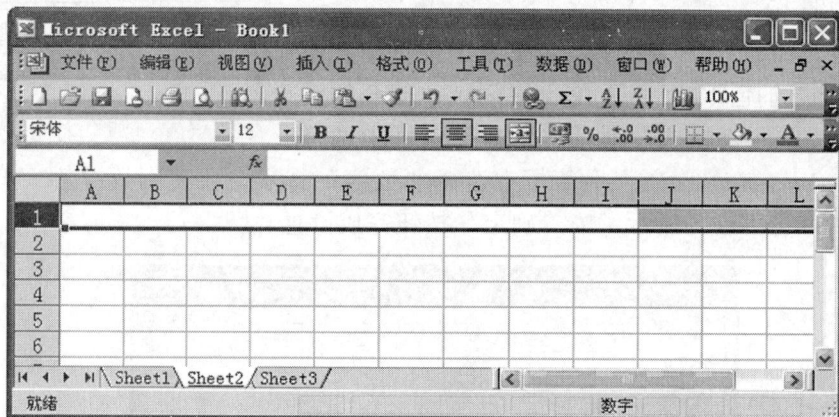

图 10 – 9　选中第一行

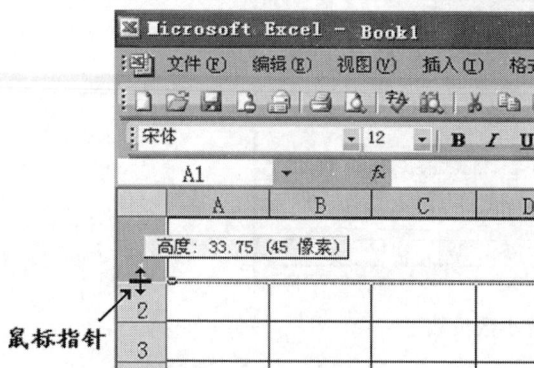

图 10 – 10　调节行高

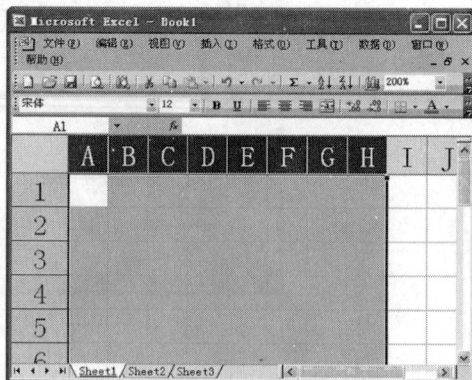

图 10 – 11　选中多行

表格多行或多列高、宽度的调整方法（如调整第 A ~ H 列）：用鼠标拖动选择第 A ~ H 列，被选中的多列呈高亮度蓝色，如图 10 – 11 所示。移动鼠标至任意被选中的两列列号之间分割线上，鼠标指针变为上下箭头形状；拖动鼠标左右移动，使得列宽度为 6.88（60 像素）即可松开鼠标左键，完成调整。

（6）为数据表添加框线选择数据表整个区域（A1 至 I12），右击鼠标，打开如图 10 – 6 所示的"单元格格式"对话框。

在对话框中选择"边框"选项卡，设置"外边框"为"红色双线"类型；"内部"框线为"蓝色细线"类型，按"确定"完成设置。设置好边框的数据表，预览效果如图 10 – 1 所示。

5. 制作图表

（1）选定图表数据区域：选择 C2 至 H11 单元格间的数据区域，单击"常用"工具栏中的"图表向导"工具""，打开"图表类型"对话框，如图 10 – 12 所示。

（2）选择"标准类型"选项卡，在图表类型列表框中选择"折线图"类型，在子图表类型图例中选择"数据点折线图"类型，如图 10 – 12 所示。

（3）单击"下一步"，打开"图表数据源"对话框，如图 10 – 13 所示。选择"系列"选项卡。

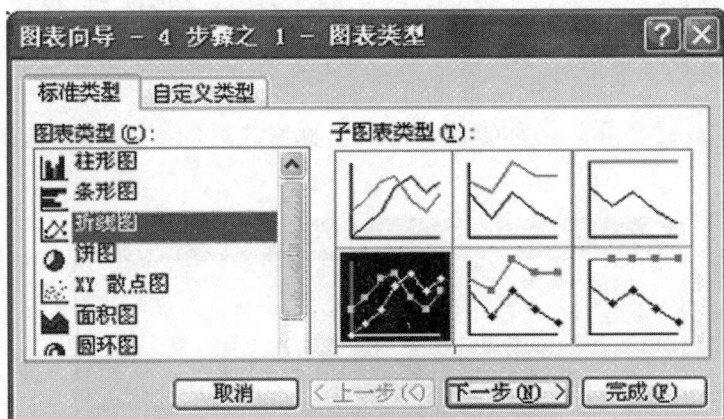

图 10 – 12 "图表类型"对话框

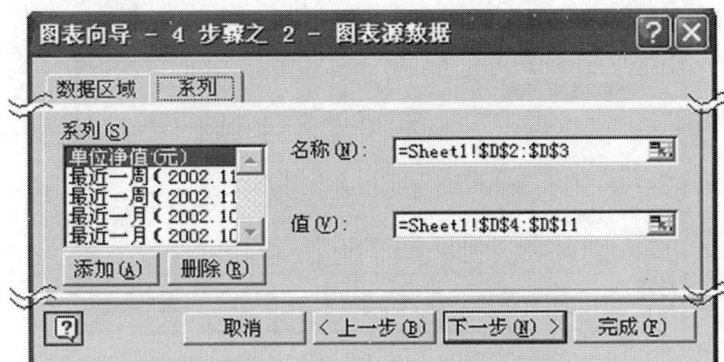

图 10 – 13 "图表数据源"对话框

（4）删除"系列"列表框中不需要的数据系列，只保留其中两项内容如下。

最近一周（2002.11.15 – 2002.11.22）值（V）的区域为 E4：E11

最近一月（2002.10.25 – 2002.11.22）值（V）的区域为 G4：G11

注意："最近一周"及"最近一月"数据系列都各有两项，不要删错了。要删除的"最近一周"系列数据的"值（V）"的区域为 F4：F11 区域；要删除的"最近一月"系列数据的"值（V）"的区域为 H4：H11 区域。

删除系列的方法如下（以删除"单位净值"系列为例）。

在图 10 – 13 所示"系列"列表框中单击选择"单位净值"项，该项呈高亮度蓝色，表示被选中。用鼠标单击列表框下面的"删除"按钮，即可完成删除操作。

删除不需要的数据系列后，"系列"选项卡的外观如图 10 – 14 所示。

（5）修改"数据系列"的名称：修改"最近一周（2002.11.15 – 2002.11.22）"名称为"最近一周"；修改"最近一月（2002.11.15 – 2002.11.22）"名称为"最近一月"。

修改名称方法如下（以修改"最近一周"系列为例）。

在"系列"列表框中选择"最近一周（2002.11.15 – 2002.11.22）"项，该项呈高亮度，表示被选中。在右方"名称（N）"框中输入"最近一周"，完成改名操作，如图 10 – 15 所示。

同理完成"最近一月"名称修改。完成名称修改后的"系列"选项卡外观如图 10 – 16 所示。

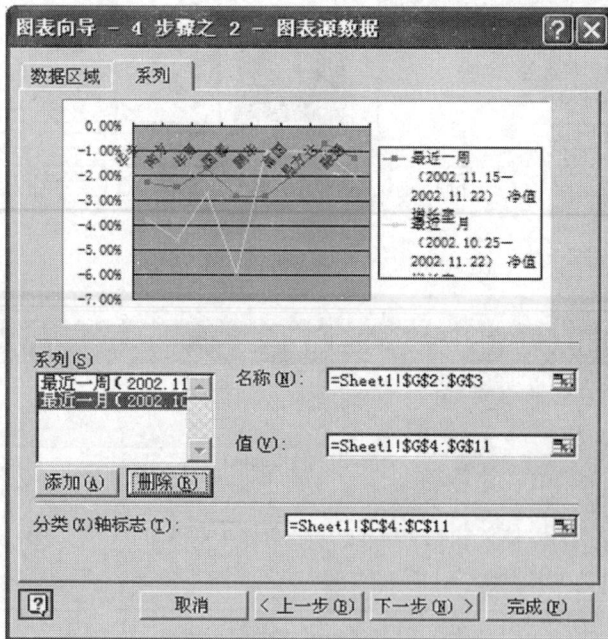

图 10 – 14　删除数据系列

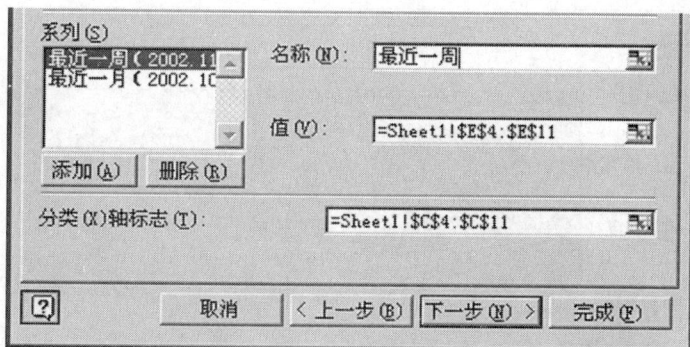

图 10 – 15　修改系列名称 1

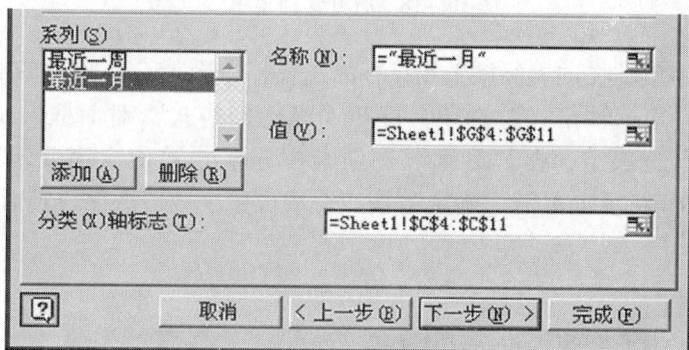

图 10 – 16　修改系列名称 2

（6）单击"下一步"按钮，打开"图表选项"对话框。选择"图例"选项卡。在"位置"栏目中选择"靠上"，单击"完成"，得到如图 10 – 17 所示的图表。

（7）调整图表在文档中具有适当的宽度和高度图表的宽度与数据表宽度基本相同；图表的高度约为图表宽度的二分之一。

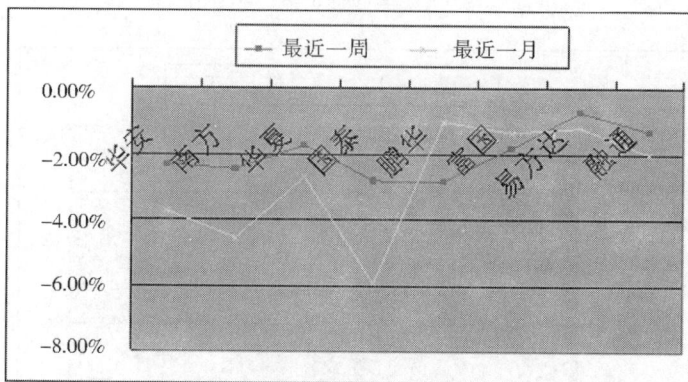

图 10 – 17　图表外观

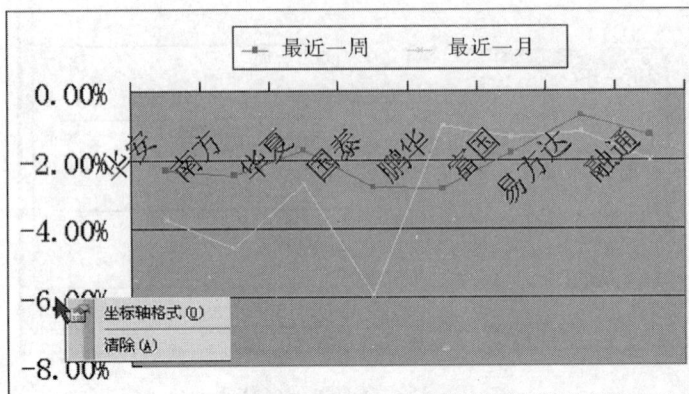

图 10 – 18　打开快捷菜单

（8）数值次序反转在图表纵轴上用鼠标右击任一个数值，出现如图 10 – 18 所示的快捷菜单。单击"坐标轴格式"选项，打开"坐标轴格式"对话框，如图 10 – 19 所示。选择"刻度"选项卡，在"刻度"选项卡中选择"数值次序反转"选项，打上"√"，如图 10 – 19 所示，单击"确定"按钮完成设置。数值次序反转后的图表外观如图 10 – 20 所示。

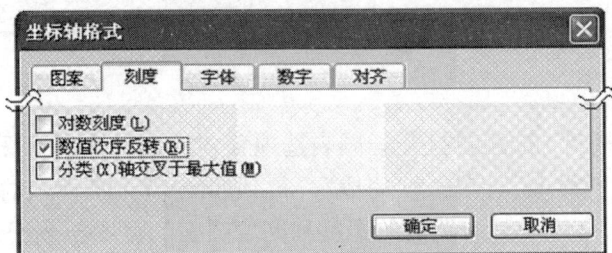

图 10 – 19　"坐标轴格式"对话框

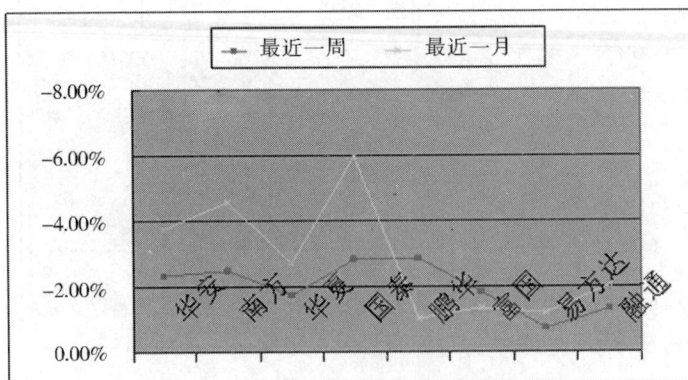

图 10 – 20　反转后的图表外观

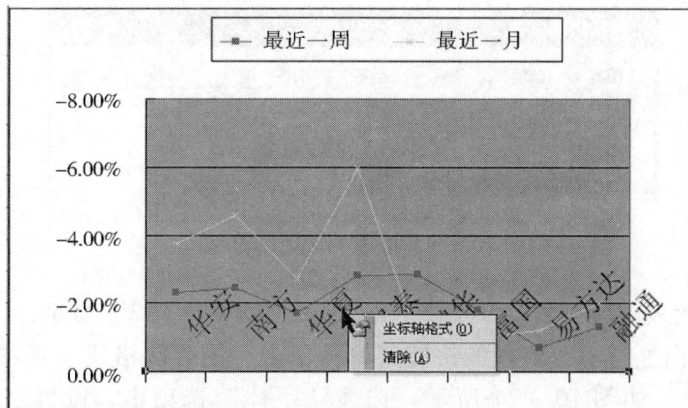

图 10 – 21　修改基金名称位置

（9）移动基金名称文字到"图内"位置，方法如下在图表分类轴基金名称文字上右击，出现如图 10 – 21 所示的快捷菜单。单击"坐标轴格式"选项，打开"坐标轴格式"对话框，如图 10 – 22 所示。选择"图案"选项卡，在"刻度线标签"选项中选择"图内"单选框，如图 10 – 22 所示，单击"确定"按钮完成设置，如图 10 – 23 所示。

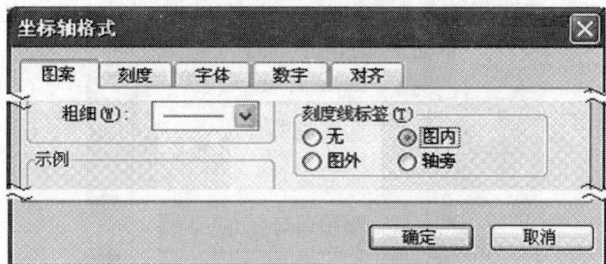

图 10 – 22　"坐标轴格式"对话框

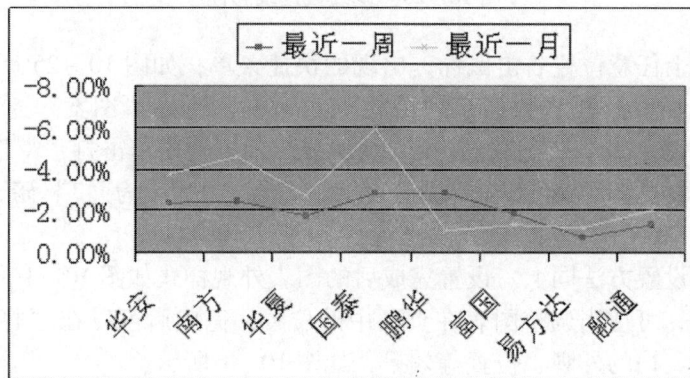

图 10 – 23　修改名称位置后的图表

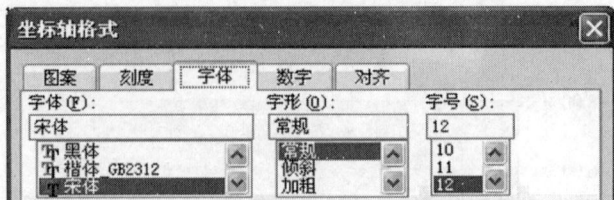

图 10 - 24　修改图表区字符格式

（10）设置图表中所有数字及文字的格式为"宋体"、"12"号字，设置方法如下。

在图表区空白处右击，出现的快捷菜单，单击"图表区格式"选项，打开"坐标轴格式"对话框，如图 10 - 24 所示。选择"字体"选项卡，设置字符格式为"宋体"、"12"号字，单击"确定"按钮完成设置。

（11）设置图表中两根数据线的属性如表 10 - 2 所示。

表 10 - 2　数据线的属性

	颜色	平滑线	数据标记样式	标记颜色	标记大小
数据线 1	蓝	√	▲	红	7
数据线 2	红	√	●	蓝	7

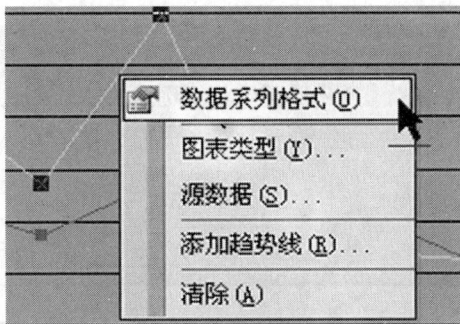

图 10 - 25　修改数据线属性

在数据线 1 上任意位置右击鼠标，出现的快捷菜单，如图 10 - 25 所示。选择"数据系列格式"选项，打开"数据系列格式"对话框，选择"图案"选项卡，在"线型"选项中选择颜色为"蓝色"，并在"平滑线"前方框中单击打"√"；在"数据标记"选项中选择样式为"▲"，前、背景色为"红色"，大小为"7"磅，单击"确定"按钮完成设置。

数据线 2 的设置方法同上。设置完成后的图表外观样式如图 10 - 1 所示。

图表建立后，可适当调整图表在页面中的位置，完成后可以在"打印预览"状态下检查一下整个文档的外观、位置等效果，如图 10 - 1 所示。

6. 保存文档　单击"文件"菜单 \ "保存"子菜单，打开"另存为"对话框；在"保存位置"中选择"我的文档"；在"保存类型"中选择"Excel 工作簿"；在"文件名"中输入本文档的名称，如"基金净值增长率"；单击"保存"按钮，文档被保存。

【实验测试】

1. 建工作表

按表10-3内容在Sheet1中建立如下工作表，以A1作为起始单元格。

表10-3　学生成绩表

信息管理与信息系统专业部分 学生成绩表

制表日期：2008.9.1

姓　名	数　学	外　语	计算机	总　分	总　评
吴　华	98	77	88		
钱　玲	88	90	99		
张家鸣	67	76	76		
杨梅华	66	77	66		
汤沐化	77	65	77		
万　科	88	92	100		
苏丹平	43	56	67		
黄亚非	57	77	65		
平均分					
最高分					

2. 利用公式和函数计算

计算总分、最高分和平均分。如果该生的"总分"大于"平均总分"，则将该生的"总评"设置为"优秀"，否则为空。

3. 工作表编辑

（1）在工作表Sheet3前插入工作表Sheet4和Sheet5。

（2）将"总评"为优秀的学生的各科成绩和总分复制到工作表Sheet4中，令A1单元格为开始的区域。

（3）将Sheet1改名为"成绩表"。

4. 对"成绩表"做如下格式化

（1）将表格标题设置为华文彩云，24磅大小，跨列居中对齐。

（2）将制表日期移到表格的下边右对齐，并设置为隶书，加粗倾斜，12磅。

（3）表格各列列宽设置为10，列标题行高为25，其余行高为最合适的行高。列标题粗体，水平和垂直居中。将表格中的其他内容居中，平均分保留小数1位。设置表格框线（表格内部为天蓝色细线，外部为蓝色双线）。

（4）对学生的每门课程中不及格的分数以粗体、蓝色字，黄色底纹显示。

（5）将Sheet4中的表采用自动套用"彩色1"格式，然后将表格的内框线改为黄色细线。

5. 对"成绩表"进行如下页面设置，并打印预览

（1）纸张为A4，表格打印设置为水平，垂直居中，上、下边距为3cm，左、右边

距为3cm，页眉、页脚为1.5cm。

（2）设置页眉为"分类汇总表"，格式为居中、粗斜体；设置页脚为当前日期，靠右安放。

6. 将"成绩表"中的数据复制到Sheet2中，清除表中的格式，删除多余的内容（如表10-4）。

表10-4　Sheet2

姓　名	数　学	外　语	计算机
吴　华	98	77	88
钱　玲	88	90	99
张家鸣	67	76	76
杨梅华	66	77	66
汤沐化	77	65	77
万　科	88	92	100
苏丹平	43	56	67
黄亚非	57	77	65

7. 选中表格中的全部数据，在当前工作表Sheet2中创建嵌入的三维簇状柱形图，图表标题为"学生成绩表"，分类轴标题"姓名"。

8. 对Sheet2中嵌入的图表进行如下操作

（1）将该图表移动、放大到A10：F20区域。

（2）将图表中数学的数据系列删除，然后将计算机与外语的数据系列对调。

（3）为图表中"计算机"的数据系列增加以值显示的数据标记。

9. 对Sheet2中嵌入的图表进行如下格式化操作

（1）将图表标题"学生成绩表"设置为方正舒体，18磅。

（2）将图表边框改为带阴影绿色圆角边框，并将图例移到图表区的左下角。

（3）将数值轴的主要刻度间距改为30。

10. 将"成绩表"中数据复制到Sheet3中，清除表中的格式，删除部分数据，保留部分字段，增加性别字段，并输入相应数据，如表10-5。

表10-5　Sheet3

姓名	性别	数学	外语	计算机	总分
吴华	男	98	77	88	263
钱玲	女	88	90	99	277
张家鸣	男	67	76	76	219
杨梅华	女	66	77	66	209
汤沐化	男	77	65	77	219
万科	男	88	92	100	280
苏丹平	女	43	56	67	166
黄亚非	女	57	77	65	199

11. 将 Sheet3 中的数据复制到 Sheet5 中。并对 Sheet3 的数据进行如下操作

（1）对 Sheet3 的数据按照性别排列，男同学在前面，女同学在后面，性别相同的按照总分降序排列，如性别和总分相同，按照计算机分数降序排列。

（2）在 Sheet3 筛选出总分小于 200 或者大于 270 的女生记录。

12. 对 Sheet5 的数据进行如下操作

（1）使用分类汇总，按照性别分别求出男生和女生的各科平均成绩（不包括总分），平均成绩保留 1 位小数。

（2）在原有分类汇总的基础上，再汇总出男生和女生的人数。

13. 将文件保存在"D：＼练习＼学号姓名＼"文件夹中，并以自己的学号和姓名为文件命名。

实验十一　PowerPoint 基本编辑操作

【实验目的】

(1) 学会使用内容提示向导、模板和空演示文稿三种方法制作演示文稿。

(2) 掌握对幻灯片的版式、色彩、文本、段落的正确设置。

(3) 掌握正确放映演示文稿的方法，做到能熟练运用。

【实验内容】

(1) 启动 PowerPoint 2003。

(2) 观察 PowerPoint 2003 窗口的组成。

(3) 创建幻灯片，在幻灯片中输入文字、符号，运用幻灯片版式及模板制作幻灯片。

①创建如图 11 - 1 所示的第一张幻灯片。

a. 幻灯片设计模板：选用"天坛月色"设计模板。

b. 幻灯片版式：选用"标题幻灯片"版式。

c. 在这张幻灯片的标题文本框中输入文字"金银湖畔的风景"并插入图中破折号符号，文字为宋体，54 号字，加粗。

d. 在正文文本框中输入文字"湖北东华大学"，选用"96 号"字号，字体选择"楷体_ GB2312"，颜色选红色，修饰选加粗。

图 11 - 1　创建第一张幻灯片

②创建第二张新幻灯片，并在幻灯片中插入 Office 自带的剪贴画图片及艺术字，如图 11 - 2 所示，要求。

a. 新幻灯片选用空白版式，

b. 按图 11 - 2 所示，插入所示的剪贴画，位置在剪辑管理器中 Office 收藏集文件夹下的"建筑物"文件夹中，并将其覆盖整个幻灯片，作为背景图片，

图 11 - 2　Office 自带的剪贴画

c. 插入艺术字"学校外景"：在"艺术字库"对话框中，选用第四行第五列的艺术字格式，并设置艺术字填充色为金色，线条色为黄色，如图 11 - 3 所示。

图 11 - 3　"艺术字库"对话框

d. 将插入的图片和艺术字组合起来。

e. 完成后的幻灯片如图 11 - 4 所示。

图 11 - 4　在幻灯片中插入图片和艺术字

③保存当前已创建的演示文稿：将文稿以"学校介绍"为名保存起来，并请注意文件保存后的扩展名为 . PPT。

（4）设置幻灯片背景。打开"学校介绍"演示文稿，进行下列操作。

①新建第三张幻灯片，将幻灯片背景更改为如图 11 - 5 所示的样式。即使用"填充效果"中的"纹理"\"花岗岩"纹理填充，如图 11 - 6 所示。

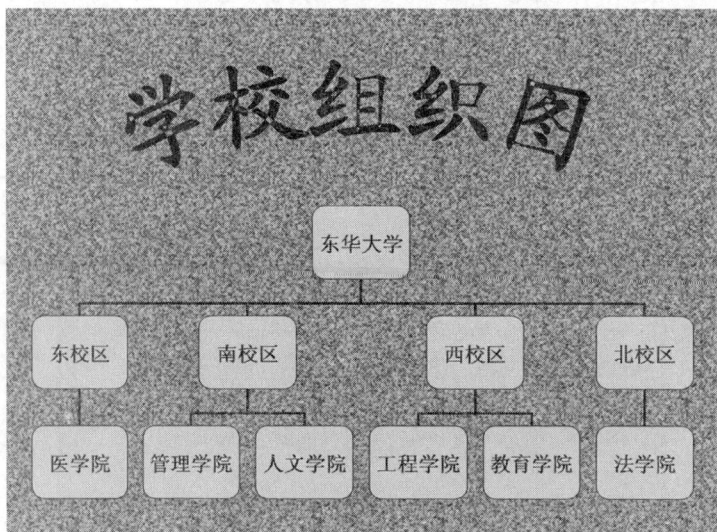

图 11 - 5　在幻灯片中插入组织图

图 11－6　"填充效果"

②插入艺术字"学校组织图"，如图 11－5 所示。

③插入图中所示的组织结构图，如图 11－5 所示。

（5）在幻灯片中插入表格。新建第四张幻灯片，按图 11－7 所示样式，在幻灯片中插入表格。

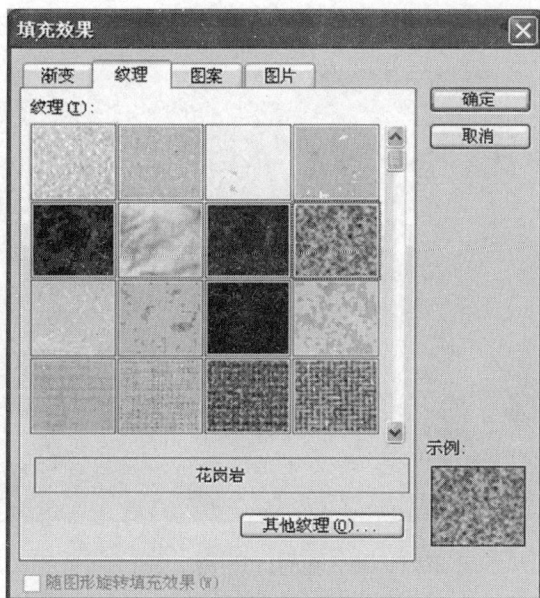

学校三年来的学生人数

（万人）

	2007	2006	2005
学生人数	2	1.5	1
增长率%	2.5	3.3	2.0

图 11－7　在幻灯片中插入表格

（6）在幻灯片中插入图表。新建第五张幻灯片，根据图 11－8 所示样式，进行下列操作：①设置设计模板为"天坛月色"。②在幻灯片中插入艺术字"学生人数及增长率图表"，方正舒体，36 号字，加粗，八边形，阴影 13。③用图 11－7 所示表格中的数据制作图表，坐标轴刻度为大红色字，坐标轴为紫红色，三维簇状柱形。

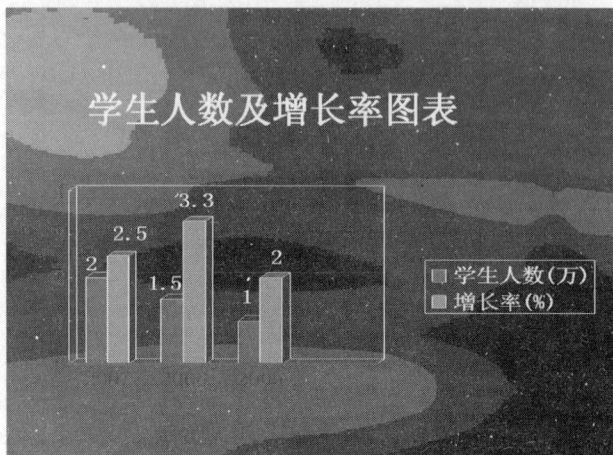

图 11-8　在幻灯片中插入图表

（7）浏览幻灯片　五张幻灯片编辑完成后，单击幻灯片浏览按钮（在窗口左下方），浏览整个幻灯片的效果，如图 11-9 所示。

图 11-9　浏览整个幻灯片的效果

（8）幻灯片次序更换　将第三张幻灯片与第二张幻灯片更换位置。

【实验操作】

（1）幻灯片中有两种形式输入的文字：一是普通文字，均以文本框的形式输入，因此要插入文字，必须先插入文本框。二是艺术字，用插入艺术字的方法加入，操作方法同 Word 中一样。

（2）幻灯片的设计模板和版式选择：幻灯片的设计模板可以在新建幻灯片时选择，也可以在幻灯片的制作过程中再选择或更改原设计模板。方法是单击"格式"\"幻灯片设计"命令，此时将在窗口右边出现如图 11 – 10 所示的"幻灯片设计"窗口，用户可以选择自己所需要的设计模板。幻灯片的版式一般在建立幻灯片时选择，方法是单击"格式"\"幻灯片版式"命令，此时将在窗口右边出现如图 11 – 11 所示的"幻灯片版式"窗口，用户可以选择自己所需要的版式。

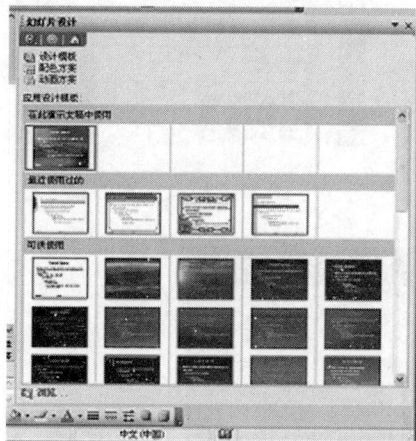

图 11 – 10 幻灯片设计模板　　　　图 11 – 11 幻灯片版式

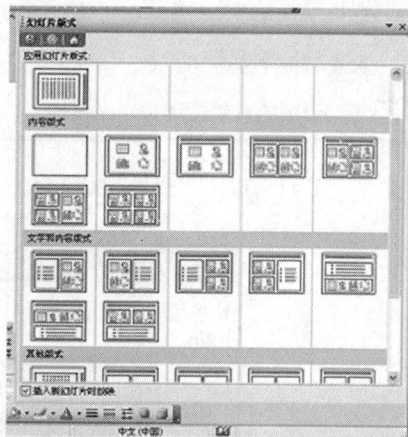

说明：幻灯片设计模板与幻灯片版式是不同的，设计模板是指衬托在幻灯片背景上的图案样式，可以对所有幻灯片选择一样的背景样式，也可以为每张幻灯片选择不同的设计模板。而幻灯片版式是指幻灯片上用户布置的文字、图片或图表等内容的相对位置样式。在新建一张幻灯片之前，一般都要选择其版式。而对模板如果选择统一的设计模板，就不用每次都再进行设置了。

（3）使用图片作为幻灯片的背景，其操作过程为：在幻灯片中插入图片，将图片拖放至与幻灯片同样大小，右击幻灯片，在弹出的快捷菜单中选择"叠放次序"命令，再选择"置于底层"项。

（4）图片及艺术字的组合方法为：组合幻灯片中的对象，可以用键盘组合键 Ctrl + A（全部选定组合键）选择全部对象，或按住 Ctrl 键后再单击选择所需要组合的对象，然后用鼠标单击绘图工具栏的"绘图"下拉菜单，选择"组合"菜单选择项。

说明：无论在 Word、Excel 还是 PowerPoint 中，图形对象在插入后，即便是摆放在一起，仍是单独的个体，对其进行移动或复制等操作十分不便。当将选定对象进行组合后，这些对象就成为了一个整体，可以很方便地进行各种操作。当需要对组合后的对象进行改动时，可以单击组合对象，之后单击选择绘图工具栏中的"绘图"\"取消组合"命令，将组合图形拆分开来，再进行改动。

（5）幻灯片的背景设置为：单击"格式"菜单下的"背景"命令，弹出如图 11 - 12 所示的"背景"对话框，在对话框中进行设定。

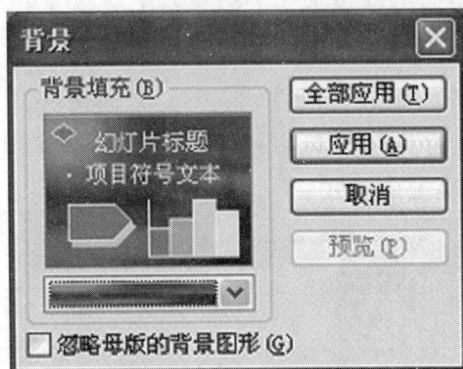

图 11 - 12　"背景"对话框

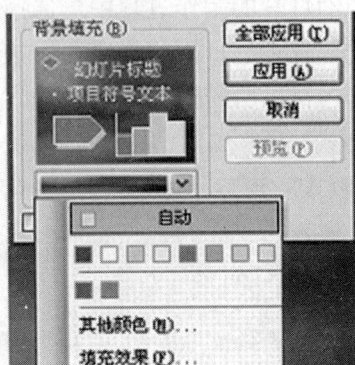

图 11 - 13　背景色彩

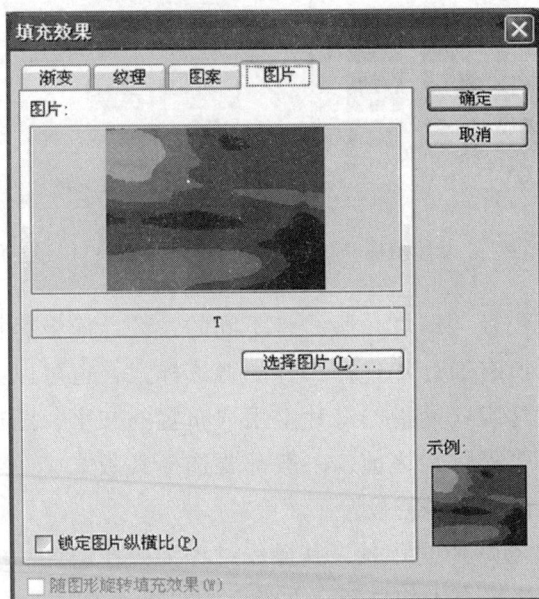

图 11 - 14　填充效果

①设置背景的色彩可以从颜色下拉列表框中选择，如图 11 - 13 中进行设置。

②还可以在图 11 - 13 中单击选择"填充效果"，得到图 11 - 14 所示对话框。可以选择"渐变"、"纹理"、"图案"、"图片"等填充效果。

③选择完背景效果后，按确定按钮，返回到图 11 - 12 所示的"背景"对话框，可继续进行如下选择操作。

④单击"应用"按钮，则所设置背景仅对当前幻灯片的编辑区产生作用。

⑤单击"全部应用"按钮，所设置背景对所有幻灯片的编辑区有效。

⑥选择"忽略母版的背景图形"复选框,则所进行的设置将布满整个幻灯片。

(6) 在幻灯片中插入表格,可以在选择版式时就选择表格版式,如图 11 – 15 所示,也可以单击"插入"菜单中的"表格"命令,此时,将弹出如图 11 – 16 所示的"插入表格"对话框,根据需要对表格进行设定即可。

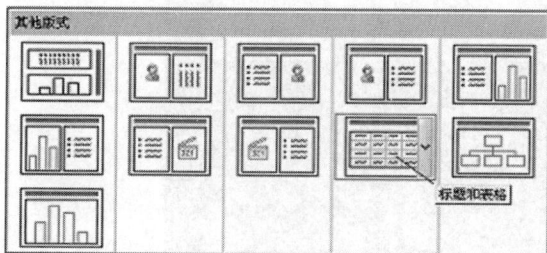

图 11 – 15　"标题和表格"版式　　　　　图 11 – 16　"插入表格"对话框

(7) 在幻灯片中插入图表的过程

①在选择幻灯片版式时选择"标题和图表"版式,如图 11 – 17 所示;或单击"插入"菜单中的"图表"命令也可以。在幻灯片上出现图 11 – 18 所示的占位样式符。

图 11 – 17　选择"标题和图表"版式　　　图 11 – 18　"标题和图表"版式

②双击图表占位符,出现如图 11 – 19 所示的数据样表及相应的图表。

③选定数据样表中的所有数据并删除,此时,样本图表变成空白效果。

④将窗口切换回如图 11 – 7 所示的表格数据所在的幻灯片,选定所需要的数据,并通过右键菜单选择"复制"命令。

⑤将窗口切换回要建立图表的幻灯片,将数据粘贴至数据样表中,样本数据表建立成功,如图 11 – 20 所示的数据表(也可以直接在数据样本工作表中输入数据)。修改数据样表中的数据后,同时得到如图 11 – 8 所示的图表。

⑥当样本数据表建立完成后,双击图表,可以切换回图表编辑状态,对图表格式的设置(包括坐标轴颜色、坐标轴标尺格式、字体字号、背景效果、图例效果及数据

标志格式等）可以在图表编辑状态下，右击对象，在弹出的菜单中选择所需设置的项
进行设置。

图 11－19　图表版式样表

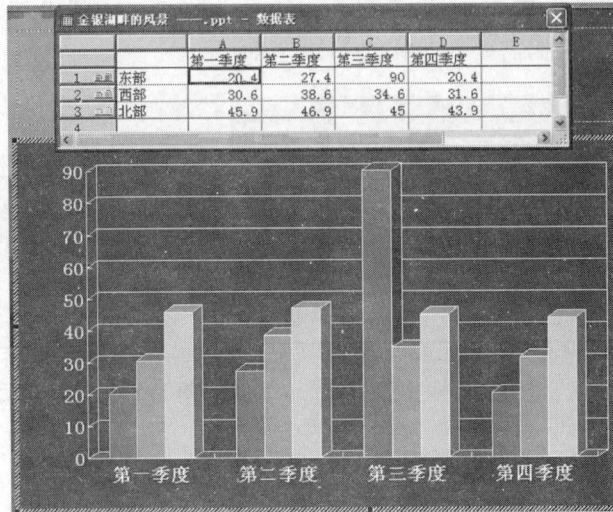

图 11－20　样本数据表

实验十二　PowerPoint 综合练习

【实验目的】

（1）熟练掌握在幻灯片中插入文字。
（2）熟练掌握在幻灯片中插入艺术字及剪贴画。
（3）熟练掌握在幻灯片中设置动画效果和声音效果。
（4）熟练掌握幻灯片切换方式设置。

【实验内容】

制作图 12 - 1 所示的演示文稿，由三幅幻灯片组成。

图 12 - 1　实验十二样图

1. 建立空白演示文稿文档　启动 PowerPoint 2003，建立一张空幻灯片文档。单击"格式\幻灯片版式"菜单，在文档窗口右部出现"幻灯片版式"任务窗格，如图12 - 2 所示。在"应用幻灯片版式"样式列表下的"内容版式"中选择"空白"版式，如图 12 - 2 所示。第一张空白幻灯片建立完成。

图 12 - 2　设置幻灯片版式

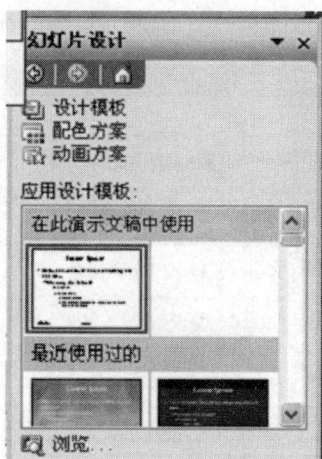

图 12 - 3　设置幻灯片背景

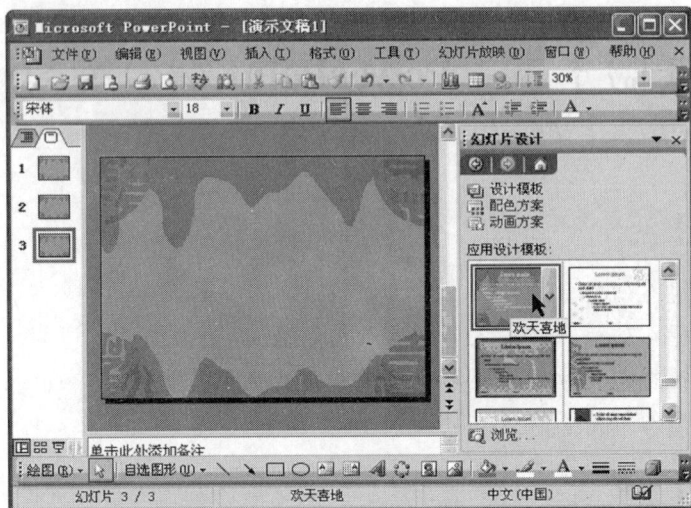

图 12 – 4　设置模板后的幻灯片外观

建立第二、第三张幻灯片。单击"插入 \ 新幻灯片"选项，在演示文稿中插入第二、三张幻灯片，按前方法为第二、三张幻灯片设置"空白"版式。

2. 设置演示文稿背景模板　单击"格式"\ "幻灯片设计"菜单项，出现"幻灯片设计"任务窗格，如图 12 – 3 所示。

在"应用设计模板"样式列表中单击选择"欢天喜地"模板，此时演示文稿中 3 张幻灯片的背景样式全部为"欢天喜地"模板样式。如图 12 – 4 所示。关闭"幻灯片设计"任务窗格。

3. 在第一张幻灯片中插入"艺术字"及"文本框"对象

（1）插入艺术字　"中药的性能"单击"插入"\ "图片"\ "艺术字"子菜单，出现"艺术字库"对话框，如图 12 – 5 所示。选择第三行的第 4 个样式，按"确定"按钮，出现"编辑艺术字文字"对话框，如图 12 – 6 所示。输入"中药的性能"5 个字；文字修饰选择"加粗"，按"确定"按钮完成插入操作，如图 12 – 7 所示。

图 12 – 5　艺术字　对话框

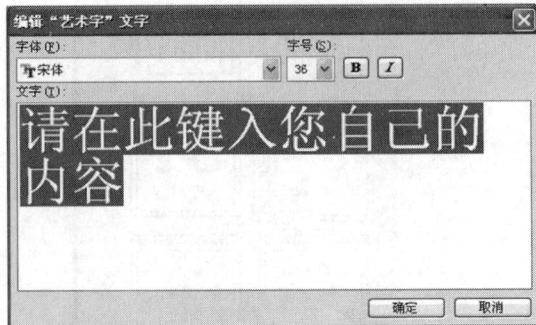

图 12 – 6　"编辑艺术字文字"对话框

图 12-7　插入的艺术字

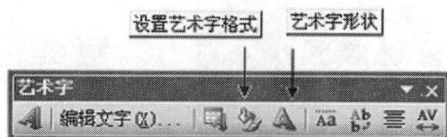

图 12-8　艺术字工具栏

（2）设置艺术字格式和形状使用　"艺术字"工具栏中格式和形状工具设置，如图 12-8 所示。

选择艺术字，在"艺术字"工具栏中单击"设置艺术字格式"工具，出现"设置艺术字格式"对话框，如图 12-9 所示。在"尺寸"选项卡中设置高度＼宽度为 4.8 cm＼＼17 cm。

图 12-9　"设置艺术字格式"对话框

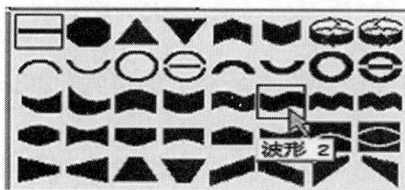

图 12-10　艺术字形状

图 12-11　设置三维效果工具

设置艺术字形状：单击"艺术字形状"工具，在下拉框中选择波形 2，如图 12-10 所示。

（3）设置艺术字的三维效果使用绘图工具栏中的"三维效果样式"工具，如图 12-11 所示。

设置三维立体效果艺术字：用鼠标选中艺术字，单击"三维效果样式"按钮，在出现的"三维效果样式"列表中选择"三维样式 12"样式，如图 12-12 所示，艺术字成为三维效果。

设置三维立体的颜色：在"三维效果样式列表"中单击"三维设置"项，打开"三维设置"工具栏，如图 12-13 所示；在工具栏中单击"三维颜色"工具按钮右方的"黑三角"，出现"颜色"列表，如图 12-13 所示。单击选择"其他三维颜色"选项，打开"颜色"对话框，如图 12-14 所示。选择"自定义"选项卡，设置颜色为：红、绿、蓝色的值为 220、220、0。

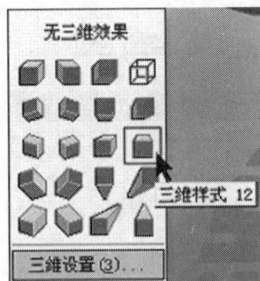

图 12 – 12　三维样式

图 12 – 13　打开三维颜色列表

图 12 – 14　设置三维颜色

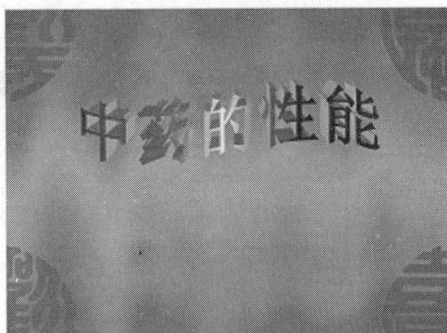

图 12 – 15　艺术字三维外观

按"确定"按钮，完成设置。将艺术字调整到幻灯片中部靠上的位置，如图 12 – 15 所示。

说明：此处设置的颜色仅对"三维立体"部分有效。如果要设置改变艺术字的"表面"颜色，要使用"绘图"工具栏中的"填充颜色"、"线条颜色"工具完成，如图 12 – 16 所示。

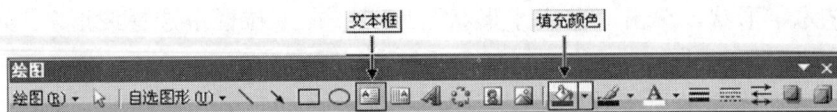

图 12 – 16　绘图工具栏

图 12 – 17　插入文本框

图 12 – 18　设置文字格式

（4）在第一张幻灯片中插入文本框对象"即药性"在幻灯片中要添加文字必须采

用插入"文本框"对象的方式来完成。

单击"绘图"工具栏上的"文本框"按钮，鼠标指针变为箭头"↓"形状。拖动鼠标，在幻灯片中画出一个"矩形文本框"，并在文本框中输入汉字"即药性"，如图12－17 所示。

选择文本框中的文字，设置字符格式为：隶书、72 号字、加粗，如图 12－18 所示。

4. 在第一张幻灯片中设置"动作按钮" 在幻灯片中设置"动作按钮"，实际上就是在幻灯片与幻灯片之间、幻灯片与其他文件之间建立起"超级链接"。

在幻灯片播放时，使用动作按钮就可以在本演示文稿的各张幻灯片之间任意切换跳转；也可以在幻灯片与其他文件之间链接跳转。

在本实验中，我们只设置 4 个"动作按钮"，如图 12－19 所示。

各动作按钮的设置基本一样，在此仅介绍设置"下一张"按钮的设置方法。

（1）单击"幻灯片放映"\"动作按钮"，出现12 个"动作按钮"图标，如图 12－20 所示。第二行的第二个图标按钮，即是我们所需要的"下一张"（前进或下一项）动作按钮。

图 12－19　动作按钮

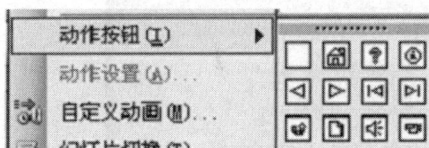

图 12－20　打开动作按钮列表

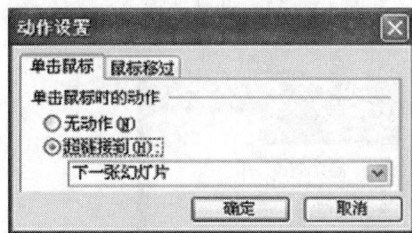

图 12－21　动作设置对话框

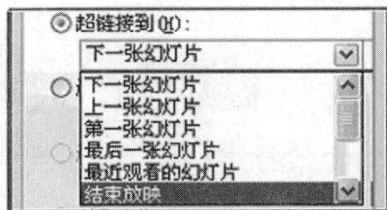

图 12－22　超链接列表

（2）用鼠标单击"下一张"图标，鼠标指针变为十字"＋"形状。

（3）拖动鼠标，在幻灯片底部偏右位置画出一个适当大小的按钮，松开鼠标按键，自动弹出"动作设置"对话框，如图 12－21 所示。在"超链接到"下拉列表框中显示的正是"下一张幻灯片"，按"确定"按钮完成设置。

该按钮的作用是：在幻灯片播放时，单击该按钮，将链接显示下一张幻灯片。

说明：如果要使按钮实现其他链接，可在图 12－21 中单击"超链接到"下拉列表框右边的向下箭头，打开下拉列表框，如图 12－22 所示。在框中选择所要链接的对象位置即可。

（4）按上述方法在第一张幻灯片中添加设置第二个按钮"最后一张"，该按钮的作用是：在幻灯片播放时，单击该按钮，将链接显示本演示文稿的最后一张幻灯片。

设置完动作按钮后的第一张幻灯片外观，如图 12 – 1 所示。

5. 设置第一张幻灯片中"艺术字"和"文本框"对象的动画效果及声音效果　对幻灯片中插入的"艺术字"、"文本框"及其他所有对象，都可以设置其动画及声音效果等，下面详细介绍艺术字"中药的性能"的动画、声音效果的设置方法。

（1）单击"幻灯片放映 \ 自定义动画"，打开"自定义动画"任务窗格，如图 12 – 23 所示。

（2）在幻灯片中选中艺术字"中药的性能"，然后在任务窗格中单击"添加效果"菜单右边的黑三角，打开如图 12 – 24 所示的选项菜单。

图 12 – 23　自定义动画

图 12 – 24　动画选项

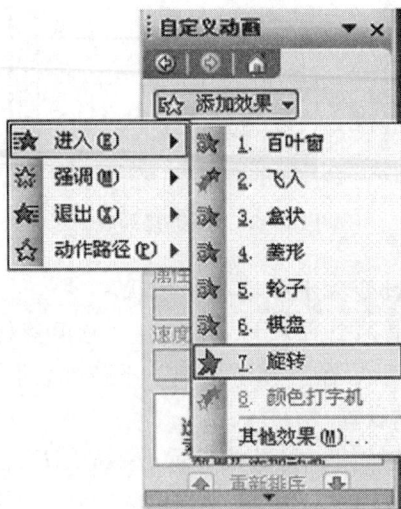

图 12 – 25　选择"旋转"

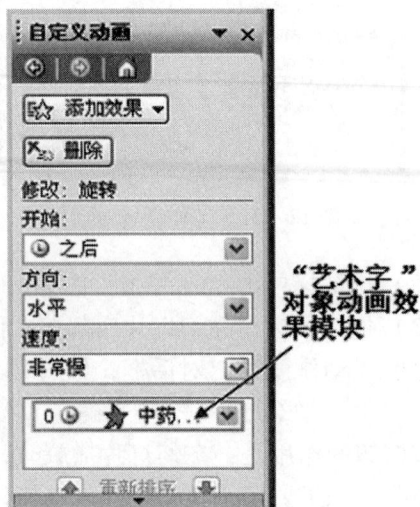

图 12 – 26　艺术字对象动画模块

（3）选择"进入"菜单项，打开级联菜单，单击选择"旋转"菜单项，如图 12 – 25 所示。

（4）然后按如图 12 – 26 所示的参数设置"旋转"动画效果的属性值如下。

"开始"方式：之后；旋转"方向"：水平；旋转"速度"：非常慢。

每建一个对象的动画效果，会在窗格列表框中出现一个效果模块，如图 12 – 26 所示。

（5）设置动画播放时的声音效果　单击模块右边的下拉箭头，如图 12 – 27 所示，在出现的下拉选项中选择"效果选项"菜单，打开"旋转"效果对话框，如图 12 – 28 所示。

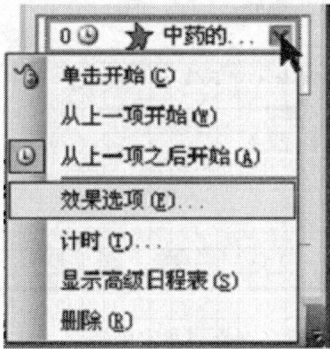

图 12 – 27　修改艺术字动画效果　　　　图 12 – 28　艺术字旋转效果设置框

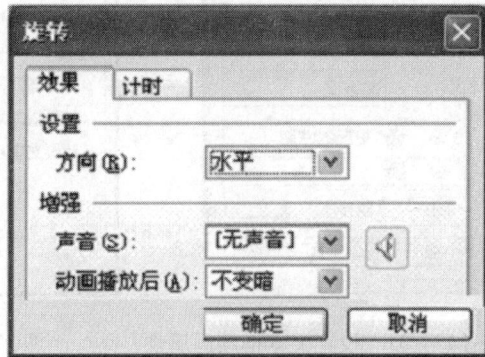

（6）在对话框中选择"效果"选项卡，在"声音"下拉列表框中选择"其他声音"选项，打开"添加声音"对话框，如图 12 – 29 所示。

（7）在"添加声音"对话框中查找选择"Windows XP 启动"文件，单击"确定"按钮返回"旋转"对话框，如图 12 – 30 所示。继续单击"确定"按钮，完成声音设置。

此时用鼠标单击任务窗格下部的"播放"按钮，就可以看到刚设置好的"艺术字"对象的动画效果及声音效果。

（8）设置"文本框"对象的动画效果及声音效果设置方法与艺术字对象基本相同，设置的属性及参数见图 12 – 31、图 12 – 32 所示。

图 12 – 29　选择声音文件　　　　图 12 – 30　艺术字旋转效果设置框

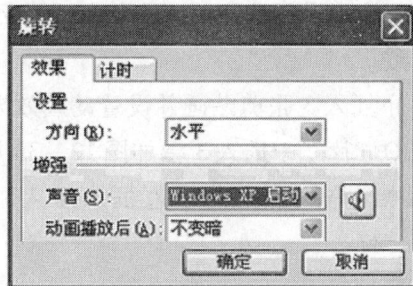

（9）说明如果对设置的动画、声音效果不满意，可以按上述方法对其进行修改，即选择其他动画效果或声音效果；或删除对象动画效果模块，重新设置。

PowerPoint 2003 允许为一个对象设置多个动画效果。每设置建立一个动画效果，就会出现一个相对应的动画效果模块，读者可以自己尝试设置。

图 12 - 31　设置文本框动画属性　　图 12 - 32　设置文本框声音效果

6. 第二张幻灯片添加文字及图片对象　第二张幻灯片有标题、文字、剪贴画、动作按钮等对象，对象建立的方法基本与第一张幻灯片中各对象的建立方法一样，只是要适当调整设置对象的属性值即可（如图 12 - 1 所示）。

（1）文字对象的插入文字对象由三个文本框部分组成　①标题文字"四气"，黑体、54 号字、加粗、黄色文字；②文本 1 "寒、热、温、凉"，仿宋_ GB2312、32 号字、加粗、白色文字及"项目符号"；③文本 2 "一般来讲：具有清热泻火、凉血解毒等作用的药物，性属寒凉；具有温里散寒、补火助阳、温经通络、回阳救逆等作用的药物，性属温热。"，仿宋_ GB2312、32 号字、加粗、白色文字；文字分三段输入。

（2）动作按钮的建立建立 4 个动作按钮，分别是：第一张、上一张、下一张、最后一张；注意设置按钮时 4 个按钮应大小一致；同类型按钮的位置在各张幻灯片中应大概一致。

（3）插入 3 张剪贴画并设置动画效果及声音效果

在幻灯片二中插入 3 幅如图 12 - 33 所示的剪贴画，插入后的位置见图 12 - 1 所示；并为每幅剪贴画添加外边框；插入的三幅剪贴画的动画、声音效果设置如图 12 - 36，37。

plants　　　laboratory　　instructors

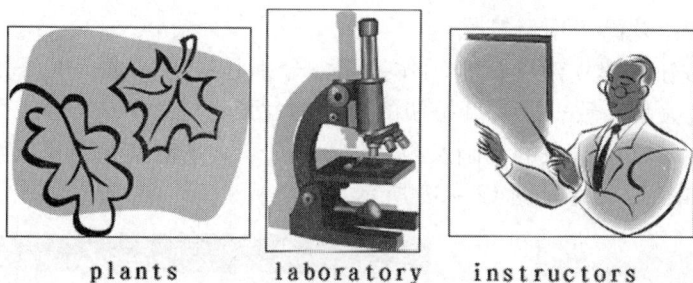

图 12－33　插入的三幅剪贴画

图 12－34　剪贴画 1、2、3 动画属性　　图 12－35　剪贴画 1、2、3 动画时间属性

Plants、Laboratory：图 12－34 至图 12－36 所示。Instructors：如图 12－34、图 12－35、图 12－37 所示。

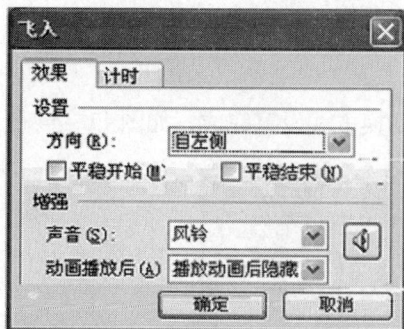

图 12－36　贴画 1、2 声音及播放后属性　　图 12－37　贴画 3 声音及播放后属性

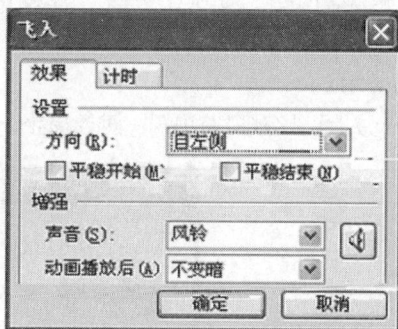

7. 设置建立第三张幻灯片

（1）使用"绘图"工具栏中的"矩形"工具画一个矩形边框，并设置矩形的属性。填充颜色：无填充颜色；线条颜色：蓝色；线型：1 磅。

（2）文字对象的插入由 6 个文本框部分组成。

①标题文字"五味"，黑体、96 号字、加粗、黄色文字。②文字"辛"、"甘"、"酸"、"苦"、"甜"：分别插入 5 个竖排文本框输入文字，仿宋_ GB2312、96 号字、

加粗、白色文字；设置"项目符号"。

（3）动作按钮的建立 建立2个动作按钮，分别是：第一张、上一张；注意设置按钮时2个按钮应大小一致；同类型按钮的位置在各张幻灯片中应大概一致。

（4）设置5个文字对象的动画及声音效果，5个文本框文字对象的动画效果及声音效果都一样，如图12-38、图12-39所示。

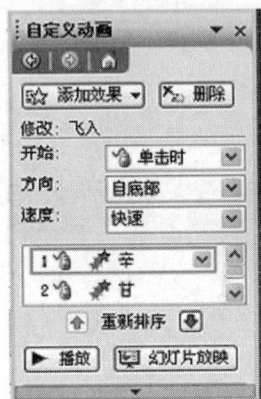

图12-38 设置文字动画属性　　　　图12-39 设置文字声音及播放后属性

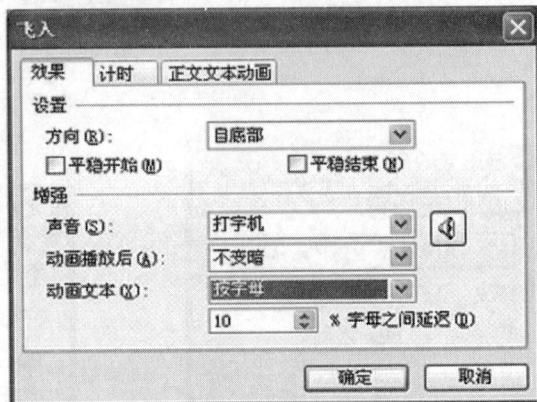

8. 设置3张幻灯片的切换方式

（1）单击窗口左下"浏览视图"按钮（图12-40），切换到"浏览视图"，如图12-41所示。

（2）用鼠标选中任一张幻灯片，然后单击工具栏中的"切换"按钮工具，打开如图12-42所示的"幻灯片切换"任务窗格。

（3）按图12-43参数设置切换效果，设置后单击"应用于所有幻灯片"，如图12-43所示。

（4）关闭"幻灯片切换"任务窗格，幻灯片切换方式设置完成，如图12-44所示。

图12-40 浏览视图按钮

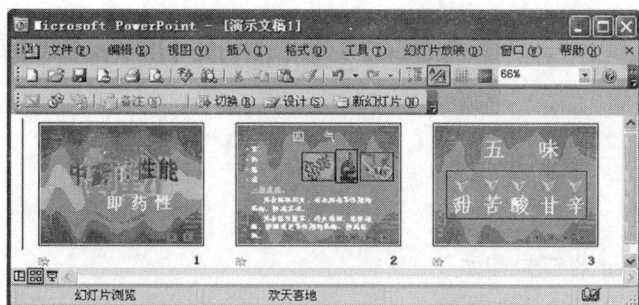

图 12-41　幻灯片浏览视图

图 12-42　幻灯片切换

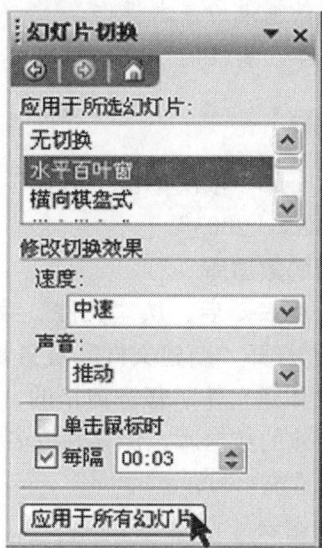

图 12-43　设置切换效果

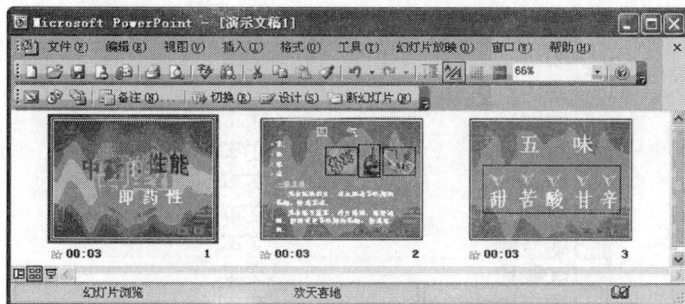

图 12-44　设置切换效果后的外观

9. 完成　至此本演示文稿 3 张幻灯片的所有设置全部完成　单击"幻灯片放映"
\　"观看放映"菜单，即可以观看并检查幻灯片的整个设置效果。

实验十三　Access 数据库的基本操作

【实验目的】

（1）熟悉 Access 的窗口组成。

（2）熟悉数据表创建的方法。

（3）掌握用设计视图建立数据表的结构。

（4）掌握数据表的基本操作。

（5）熟悉字段属性的设置。

【实验内容】

1. 启动 Access　依次单击"开始"→"所有程序"→"Microsoft Office"→"Microsoft Office Access 2003"。

2. 创建新的数据库

（1）启动 Access 后，从"文件"菜单中选择"新建"命令，或者单击工具栏上的"新建"按钮，打开"新建文件"任务窗格。

（2）在"新建文件"任务窗格的，单击"空数据库"命令。

（3）把新建的数据库，保存并取名为"好友通讯管理系统"，即数据库的文件名为好友通讯管理系统 . mdb。

3. 建立数据表

（1）在数据库"好友通讯管理系统"中，选择"表"对象，双击"使用表设计器创建表"。

（2）在表设计器中，按照图 13 - 1 和表 13 - 1 提供的信息，建立表的结构。

字段名称	数据类型
编号	文本
姓名	文本
性别	文本
单位	文本
电话	文本
手机	文本
QQ号码	文本
QQ昵称	文本
通信地址	文本
邮政编码	文本
所在城市	文本

图 13 - 1　建立数据库

表 13－1 信息

字段名	字段类型	字段大小
编号	文本	4
姓名	文本	10
性别	文本	1
单位	文本	20
电话	文本	13
手机	文本	11
QQ 号码	文本	20
QQ 昵称	文本	20
通信地址	文本	50
邮政编码	文本	6
所在城市	文本	10

（3）单击“文件”菜单下的“保存”菜单命令，或单击工具栏上的“保存”按钮，保存此表，取名为“好友信息表”。

4. 输入数据

（1）单击工具栏上的“数据表视图”按钮，或单击视图菜单下的数据表视图菜单命令，将视图切换到数据表视图；在数据表视图中，输入表的基本信息，如图13－2所示。

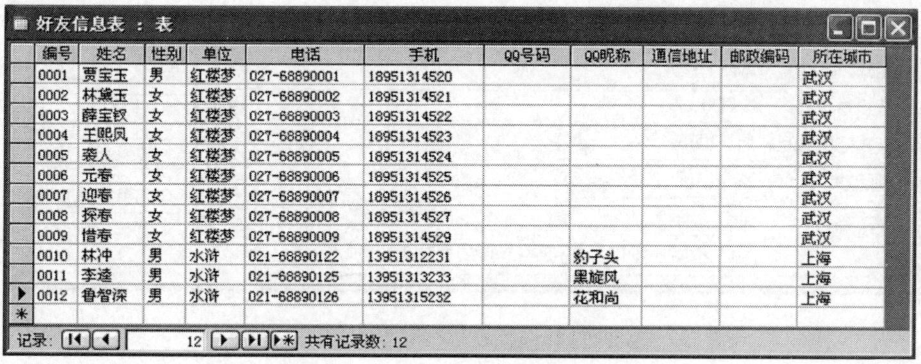

编号	姓名	性别	单位	电话	手机	QQ号码	QQ昵称	通信地址	邮政编码	所在城市
0001	贾宝玉	男	红楼梦	027-68890001	18951314520					武汉
0002	林黛玉	女	红楼梦	027-68890002	18951314521					武汉
0003	薛宝钗	女	红楼梦	027-68890003	18951314522					武汉
0004	王熙凤	女	红楼梦	027-68890004	18951314523					武汉
0005	袭人	女	红楼梦	027-68890005	18951314524					武汉
0006	元春	女	红楼梦	027-68890006	18951314525					武汉
0007	迎春	女	红楼梦	027-68890007	18951314526					武汉
0008	探春	女	红楼梦	027-68890008	18951314527					武汉
0009	惜春	女	红楼梦	027-68890009	18951314529					武汉
0010	林冲	男	水浒	021-68890122	13951312231		豹子头			上海
0011	李逵	男	水浒	021-68890125	13951313233		黑旋风			上海
0012	鲁智深	男	水浒	021-68890126	13951315232		花和尚			上海

图 13－2 好友信息表输入数据后

（2）单击“文件”菜单下的“保存”菜单命令，或单击工具栏上的“保存”按钮，保存此表。

5. 修改表的结构

（1）打开“好友通讯管理系统”数据库。

（2）选择“表”对象，选中“好友信息表”，单击“设计”按钮，用表设计视图打开“好友信息表”。

（3）在表设计器里，选中“通信地址”字段，单击“插入”菜单下的“行”菜单

命令，"通信地址"字段的上方出现的空行；在此空行的"字段名称"栏里输入 E_
mail，"数据类型"设置为文本，将"字段大小"改为30。

（4）单击"文件"菜单下的"保存"菜单命令，或单击工具栏上的"保存"按钮
![]，保存此表。

6. 修改记录

（1）打开"好友通讯管理系统"数据库。

（2）选择"表"对象，双击"好友信息表"，用数据表视图打开"好友信息表"。

（3）将"好友信息表"中的"所在城市"字段的值为"武汉"全部改为"贾
俯"；具体操作，在"好友信息表"中，单击"所在城市"字段；单击"编辑"菜单
下的"替换"菜单命令；在"查找和替换"窗口中，选中"替换"选项页；在替换选
项页里的"查找内容"的文本框里输入"武汉"，在"替换为"的文本框里输入"贾
俯"，"查找范围"选择"所在城市"，"匹配"为"整个字段"，"搜索"为"全部"，
如下图所示；然后单击"全部替换"按钮，在弹出的提示信息框中单击"是"按钮，
确认替换。

（4）重复上面的操作，将"好友信息表"中的"所在城市"字段的值为"上海"
全部改为"梁山"。

（5）单击"文件"菜单下的"保存"菜单命令，或单击工具栏上的"保存"按钮
![]，保存此表。

图13-3　查找和替换窗口

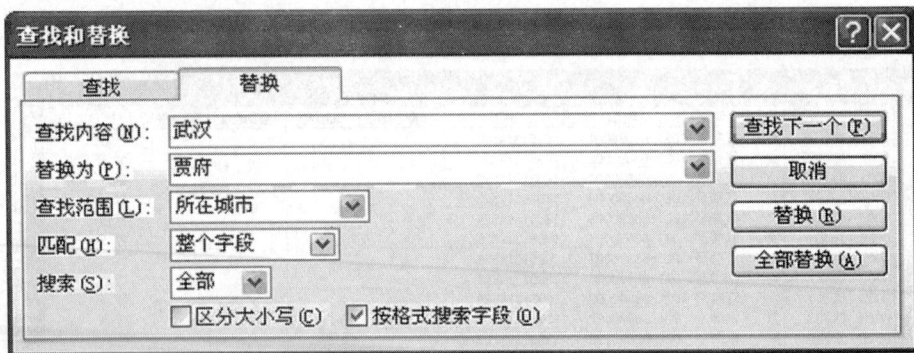

图13-4　修改记录内容

7. 删除记录

（1）打开"好友通讯管理系统"数据库。

（2）选择"表"对象，双击"好友信息表"，用数据表视图打开"好友信息表"。

（3）将"编号"为0006、0007的记录删除（即将"姓名"为元春、迎春的记录删除）；将记录指定定位到第6条记录上（用鼠标单击编号为0006的记录），单击"编辑"菜单下的"删除记录"命令，在弹出的确认删除信息框中选择"是"按钮，确认删除；用同样的方法，将"编号"为0007的记录删除。

（4）单击"文件"菜单下的"保存"菜单命令，或单击工具栏上的"保存"按钮，保存此表。

8. 添加记录

（1）打开"好友通讯管理系统"数据库。

（2）选择"表"对象，双击"好友信息表"，用数据表视图打开"好友信息表"。

（3）单击最后一条记录下面的空白记录，在"编号"字段里输入0013，"姓名"输入孙悟空，"性别"输入男，"单位"输入西游记，"QQ 昵称"输入齐天大圣，"所在城市"输入花果山，其他的为空；用同样的方法，添加一条"姓名"为猪八戒的记录。

（4）单击"文件"菜单下的"保存"菜单命令，或单击工具栏上的"保存"按钮，保存此表。

实验十四 Access 数据库的查询设计

【实验目的】

（1）掌握 Access 查询设计的方法。

（2）了解 Access 查询类型。

（3）掌握查询条件的建立。

（4）掌握选择查询的建立。

（5）掌握交叉表查询的建立。

【实验内容】

1. 选择查询

（1）打开"好友通讯管理系统"数据库。

（2）选择"查询"对象，双击"在设计视图中创建查询"。

（3）在"显示表"对话框窗口中，选择"好友信息表"，单击"添加"按钮，将好友信息表作为数据源并添加到查询中，单击显示表对话框窗口中的"关闭"按钮。

（4）在查询设计器窗口中，将需要在查询中显示的字段从数据源中一个一个加入到查询网格中；具体操作，在数据源中分别双击字段编号、姓名、性别、单位、所在城市；如下图 14-1 所示。

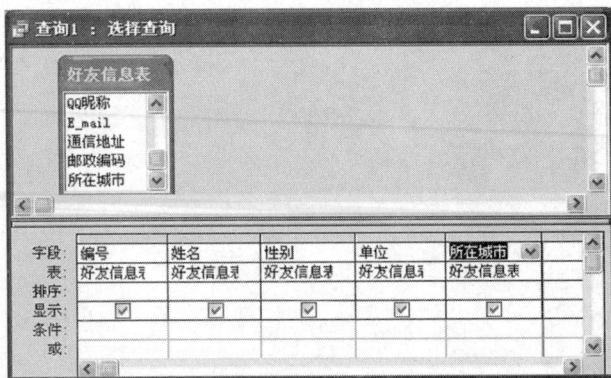

图 14-1

（5）在查询设计器窗口中，在网格中的"单位"字段下面的"条件"行中输入条件"红楼梦"，在"单位"字段下面的"或"行中输入"西游记"；如下图 14-2 所示。

90

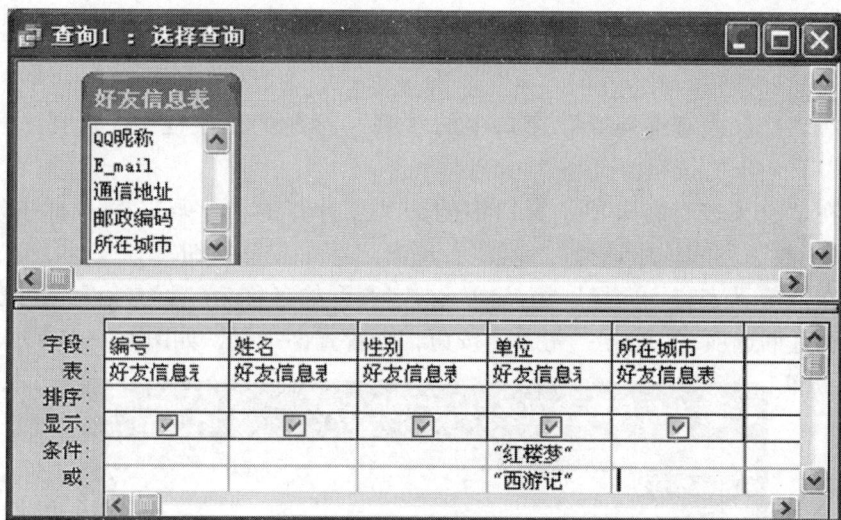

图 14 - 2

（6）运行查询 单击工具栏"数据表视图"按钮，或单击"视图"菜单下的"数据表视图"菜单命令，查看运行结果，将"单位"分别为"红楼梦"或"西游记"的好友记录查询出来，并显示在屏幕上，如图 14 - 3 所示。

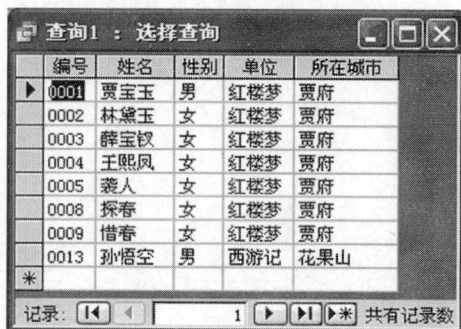

图 14 - 3

（7）保存查询 单击工具栏上的"保存"按钮，或单击"文件"菜单下的"保存"菜单命令，将此查询取名"好友选择查询"并保存。

2. 交叉表查询

（1）打开"好友通讯管理系统"数据库。

（2）选择"查询"对象，单击工具栏上的"新建"按钮 新建(N)。

（3）在"新建查询"向导窗口中，选择"交叉表查询向导"，单击"确定"按钮。

（4）在"交叉表查询向导"窗口中的右边的列表框中，选择"表：好友信息表"，在"视图"选项中选中"表"选项，单击"下一步"按钮。

（5）在"交叉表查询向导"窗口中的"行"标题的"可用字段"列表框中，选中

"单位"字段,单击 > 按钮,将"单位"字段加入到右边的"选定字段"列表框中,单击"下一步"按钮。

(6)在"交叉表查询向导"窗口中的"列"标题的列表框中,选择"性别"字段,单击"下一步"按钮。

(7)在"交叉表查询向导"窗口中的交叉点计算的"字段"列表框中选择"编号",在"函数"列表框中选择"计数",单击"下一步"按钮。

(8)在"交叉表查询向导"窗口中,指定查询的名称为"好友信息表_交叉表",选中"查看查询选项",单击"完成"按钮,查看查询结果,如图14-4所示。

单位	总计 编号	男	女
红楼梦	7	1	6
水浒	3	3	
西游记	1	1	

图14-4 交叉表查询

实验十五　局域网接入与常用命令使用

【实验目的】

了解计算机局域网接入所需条件与接入具体设置方法并能够通过相关命令进行网络测试。

【实验内容】

1. 网卡基本参数设置　右击桌面上的"网上邻居"并点击"属性"选项，在弹出的对话框中右击相应网卡并点击"属性"选项。在弹出的网卡属性窗口的"常规"选项卡中双击"Internet 协议 TCP/IP"，弹出如图15-1所示窗口。在相应栏目分别填入 IP 地址、子网掩码、默认网关以及 DNS 信息等。相关信息可从局域网接入提供方获得。

2. 网线制作与连接

（1）剪断并剥皮　利用网线错剪下所需要的双绞线长度，至少 0.6 米，最多不超过 100 米。然后再利用双绞线剥线器（实际用什么剪都可以）将双绞线的外皮除去 2～3 厘米。有一些双绞线电缆上含有一条柔软的尼龙绳，如果在剥除双绞线的外皮时，觉得裸露出的部分太短，而不利于制作 RJ-45 接头时，可以紧握双绞线外皮，再捏住尼龙线往外皮的下方剥开，就可以得到较长的裸露线。

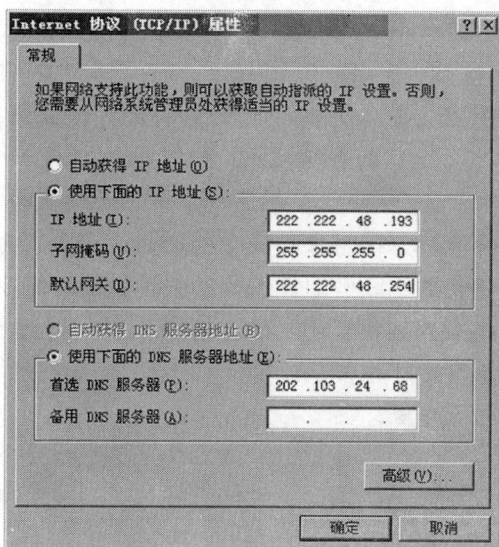

图 15-1　网络基本属性设置

（2）排序　剥线完成后的双绞线电缆如图 15-2（b）所示。接下来就要进行拨线的操作。如图 15-2（c）～（e）所示，将 4 对双绞线拨开。每对线都是相互缠绕在一起的，制作网线时必须将 4 个线对的 8 条细导线一一拆开，理顺，捋直，然后按照规定的线序排列整齐。

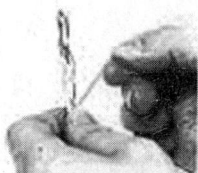

(a)　　　　　　　　　(b)　　　　　　　　　(c)　　　　　　　　　(d)

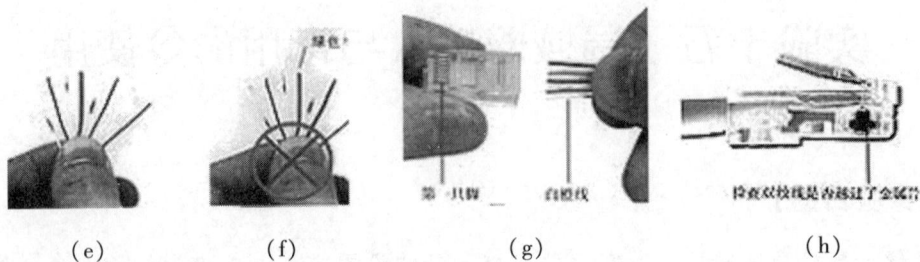

(e)　　　　　　　(f)　　　　　　　(g)　　　　　　　(h)

图 15 - 2　网线制作

目前，最常使用的布线标准有两个，即 T568A 标准和 T568B 标准。T568A 标准描述的线序从左到右依次为：1 - 白绿、2 - 绿、3 - 白橙、4 - 蓝、5 - 白蓝、6 - 橙、7 - 白棕、8 - 棕。T568B 标准描述的线序从左到右依次为：1 - 白橙、2 - 橙、3 - 白绿、4 - 蓝、5 - 白蓝、6 - 绿、7 - 白棕、8 - 棕。在网络施工中，建议使用 T568B 标准。图图 15 - 2（e）为正确的 B 标顺序，而图 15 - 2（f）则为错误的排序。

（3）剪齐与插入　把线尽量抻直（不要缠绕）、压平（不要重叠）、挤紧理顺（朝一个方向紧靠），然后用压线钳把线头剪平齐。这样，在双绞线插入水晶头后，每条线都能良好接触水晶头中的插针，避免接触不良。如果以前剥的皮过长，可以在这里将过长的细线剪短，保留的去掉外层绝缘皮的部分约为 14mm，这个长度正好能将各细导线插入到各自的线槽。如果该段留得过长，一来会由于线对不再互绞而增加串扰，二来会由于水晶头不能压住护套而可能导致电缆从水晶头中脱出，造成线路的接触不良甚至中断。

然后，左手以拇指和中指捏住水晶头，使有塑料弹片的一侧向下，针脚一方朝向远离自己的方向，并用食指抵住；右手捏住双绞线外面的胶皮，缓缓用力将 8 条导线同时沿 RJ - 45 头内的 8 个线槽插入，一直插到线槽的顶端。

（4）压制　确认所有导线都到位，并透过水晶头检查一遍线序无误后，就可以用压线钳制 RJ - 45 头了。将 RJ - 45 头从无牙的一侧推入压线钳夹槽后，用力握紧线钳（如果您的力气不够大，可以使用双手一起压），将突出在外面的针脚全部压入水晶并头内即可。做好的水晶头如图 15 - 2（h）所示。

（5）测试　双绞线两端的水晶头均做好之后可用网线测试仪测试两端连接是否正常以及线序是否正确。

（6）连接　将做好的双绞线一段插入网卡，另一端插入局域网接入端口或交换机端口。

3. 网络测试

（1）检查网卡属性设置是否正确　在 windows 桌面点击开始，在"运行"栏内输入"cmd"命令，将弹出命令窗口。在提示符下输入"ipconfig /all"命令，检查输出网络属性与设置的是否一致。如果不一致，可重新进行相关属性设置。

（2）Ping 本网卡地址　Ping 本网卡地址查看本地配置或安装存在问题。出现此问题时，则表示本地配置或安装存在问题。或局域网用户请断开网络电缆，然后重新发送该命令。如果网线断开后本命令正确，则表示另一台计算机可能配置了相同的 IP 地址。

（3）Ping 网关地址　Ping 网关地址，这个命令如果应答正确，表示局域网中的网关路由器正在运行并能够作出应答。否则检查设置或网线连接是否正常。

（4）检查 DNS 服务是否正常　图 15 – 3 显示了通过 nslookup 命令想 DNS 服务器查询域名 cn. yahoo. com 对应的 IP 地址的过程。如果出现故障，可联系局域网接入提供方协同解决。

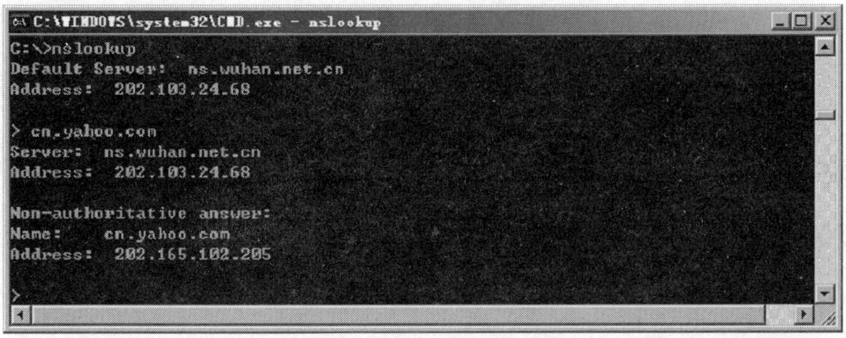

图 15 – 3　nslookup 运行截图

（5）打开 IE 浏览器浏览页面。

实验十六　网络基本使用

【实验目的】

了解 WWW 工作方式，掌握 IE 浏览器的基本设置与使用方法；熟悉搜索引擎的使用方法；掌握通过 outlook 方式收发邮件的具体操作方法；了解常用的 FTP 客户端软件，掌握一到两种 FTP 客户端软件的安装和配置方法并能够熟练使用 FTP 客户端软件上传下载文件。

【实验内容】

1. IE 浏览器的基本设置与使用

（1）启动 IE 浏览器并浏览下列网页

①http：//www. edu. cn/

②http：//cn. yahoo. com/

（2）设置 IE 浏览器默认主页

在 IE 浏览器窗口中，选择"工具"→"Internet 选项"命令，在弹出的"Internet 选项"对话框中选择"常规"选项卡。在"主页"文本框输入默认主页域名（如：www. edu. cn），然后点击"确定"按钮。最后，推出并重启 IE 浏览器，默认主页的内容将显示在浏览器的窗口中。

（3）设置历史记录　将 IE 浏览器临时文件夹设置到 C：\ myiefile 目录，使用磁盘空间设置为 512M，将浏览过的网页在临时文件夹中设置保留时间为 7 天。

首先创建目录 C：\ myiefile；在 IE 浏览器窗口中，选择"工具"→"Internet 选项"命令，在弹出的"Internet 选项"对话框中选择"常规"选项卡。在"Internet 临时文件"选项组中点击"设置"按钮，弹出"设置"对话框，要改变 Internet 临时文件夹，点击"移动文件夹"按钮，在弹出的"浏览文件夹"对话框中选择目录"C：\ myiefile"，然后点击"确定"按钮返回到"设置"对话框；在"使用的磁盘空间"中拖动滑块或在微调框中输入 512，设置使用磁盘空间为 512M，最后点击"确定"按钮。返回"常规"选项卡，在"历史记录"选项组中设置"网页保存在历史记录的天数"为 7 天。

（4）保存网页内容、网址

①如果要保存浏览器中的当前页，操作步骤如下：a. 在"文件"菜单上，单击"另存为"。b. 在弹出的保存文件对话框中，选择准备用于保存网页的文件夹。在"文件名"框中，键入该页的名称。c. 在"保存类型"下拉列表中有多种保存类型。d. 选择一种保存类型，单击"保存"按钮。

②如果想直接保存网页中超链接指向的网页或图像，暂不打开并显示，可进行如

下操作：a. 用鼠标右键单击所需项目的链接。b. 在弹出菜单中选择"目标另存为"项，弹出 windows 保存文件标准对话框。c. 在"保存文件"对话框中选择准备保存网页的文件夹，在"文件名"框中，键入这一项的名称，然后单击"保存"按钮。

③如果要保存网页中的图像、动画，操作步骤如下：a. 用鼠标右键单击网页中的图像或动画。b. 在弹出菜单中选择"图片另存为"项，弹出 windows 保存图片标准对话框。c. 在"保存图片"对话框中选择合适的文件夹，并在"文件名"框中输入图片名称，然后单击"保存"按钮。

④使用收藏夹管理经常使用的网址：a. 选择菜单栏"收藏"→"添加到收藏夹"命令，在出现的对话框中输入合适的网页名称及文件夹。或者 < 右击 > 显示窗口，在弹出的右键菜单中选择"添加到收藏夹"命令完成网页收藏。如图 16 – 1。b. 查看被收藏的网页时 < 单击 > 工具栏"收藏"按钮，显示窗口出现收藏夹列表，在列表中找到想浏览的网页，< 单击 > 即可。

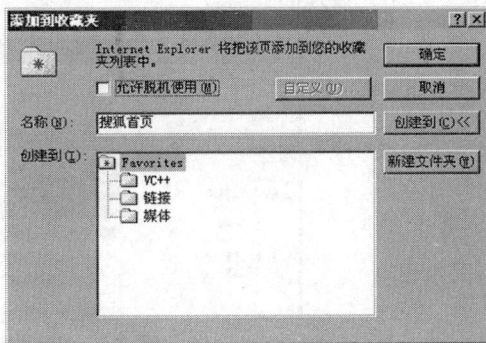

图 16 – 1　添加到收藏夹

2. 使用搜索引擎查询所需资料

（1）启动百度搜索引擎　在 IE 浏览器地址栏输入 http：//www. baidu. com 打开百度搜索引擎。百度是全球最大的中文搜索引擎、最大的中文网站。2000 年 1 月创立于北京中关村。

（2）利用"书名"搜索书籍　在百度搜索引擎的搜索框中输入"计算机基础"，点击搜索框右侧的"百度一下"按钮即可搜索显示有关"计算机基础"的结果。

在搜索结果中，单击具体项的超级链接，就可以打开具体页面来查看详细信息。

（3）利用"书名"和"出版社"搜索书籍　如果需要准确的查询信息，则需要有多个查询条件。如查询清华大学出版社出版的《计算机基础》则需要在百度搜索引擎的搜索框中同时输入"计算机基础"和"清华大学出版社"等多个条件。注意，在同时输入多个条件时，各个条件之间必须有空格。

（4）在网页标题中进行搜索　在百度搜索引擎的搜索框中输入"intitle：计算机基础"，点击搜索框右侧的"百度一下"按钮即可搜索显示有关网页的标题中含有"计算机基础"的结果。网页的制作者通常会把网页的主要内容体现在网页的标题中，网页标题在某种意义上就是对网页内容的高度概括，因以此利用 intitle 语法进行搜索，常常可以获得比较精确的结果。

（5）在 URL 中进行搜索　在百度搜索引擎的搜索框中输入"inurl：news"，点击搜索框右侧的"百度一下"按钮即可搜索显示有关网页 url 中含有"news"的结果。在 url 链接中的信息经常会包含很多有价值的信息，有很多网站将具有相同属性的内容显示在目录名称或网页名称中，因以此利用 inurl 语法来限制 url 中含有相应字段的网页。

（6）在指定的网站内进行搜索　在百度搜索引擎的搜索框中输入"奥运 insite：

www. xinhuanet. com",点击搜索框右侧的"百度一下"按钮即可搜索显示网站 www. xinhuanet. com 中与"奥运"有关的信息。利用 insite 语法在特定的网站中搜索信息,可以提高搜索效率。

3. 使用 outlook 收发邮件

(1)启动 Outlook Express 在 Windows 下,选择"开始"、"程序"、"Outlook Express",或者在任务栏上单击 Outlook Express 图标启动 Outlook Express,会出现如图 16 - 2 所示的界面。

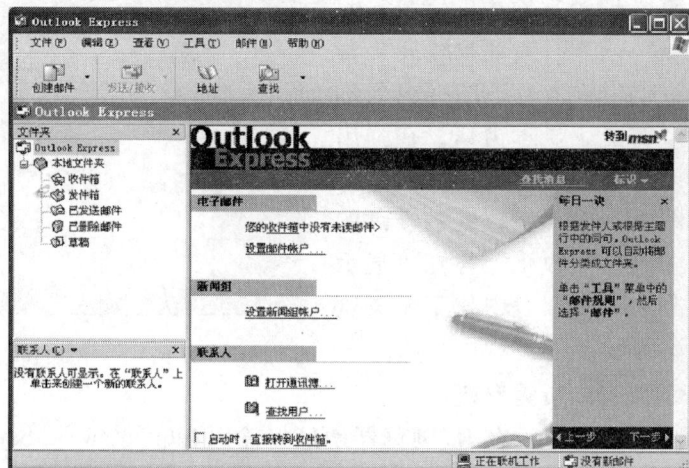

图 16 - 2 Outlook Express 启动界面

(2)添加帐户 在窗口的"工具"菜单中,选择"帐户…"命令,弹出"Internet 帐户"对话框,再单击窗口右上角的"添加"按钮,选择"邮件"命令,则出现如图 16 - 3 所示的"Internet 连接向导"对话框。

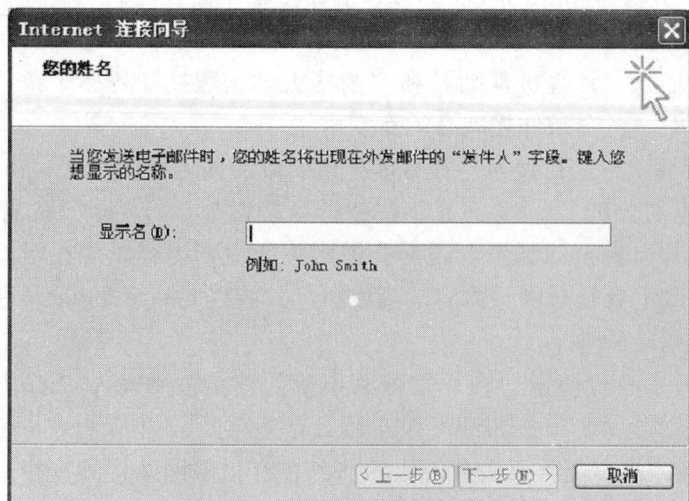

图 16 - 3 Internet 连接向导

"Internet 连接向导"分为四步：首先要求用户任意输入一个发件人的名称；其次要求用户输入自己的 E-mail 地址；第三步要求输入接收邮件服务器（POP3）和发送邮件服务器的域名，如果用户不太清楚，可以与提供电子邮箱地址的 ISP 联系；最后要求用户输入自己的帐号（即@之前的部分）和密码，当然为了安全，在这里也可以不输入密码。

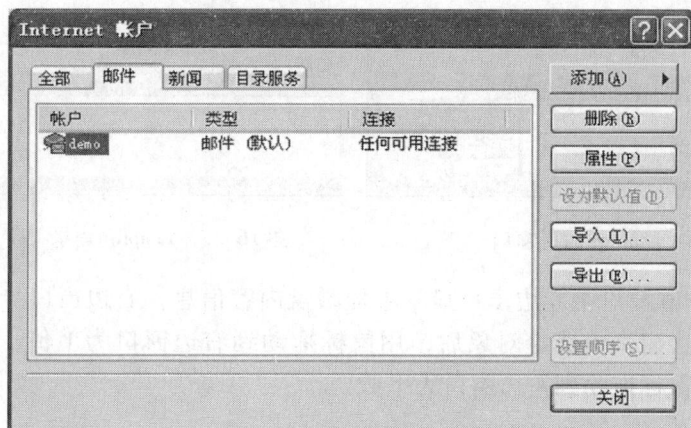

图 16-4　成功添加的新帐户

完成上述工作后，在"Internet 帐户"对话框中就可以看到新加入的帐号，如图 16-4 所示。若新添加的帐户出现错误，可通过"属性"按钮查看和修改。单击"关闭"按钮后，就可接收邮件了，但要发送邮件还需进一步配置。

（3）设置身份验证　为防止用户恶意发送垃圾邮件和非注册用户使用，ISP 都要求验证用户身份后，才能实现发送邮件的功能。具体设置如下：在图 16-5 对话框中，选中用户，然后单击"属性"按钮，在弹出的对话框中，选择"服务器"选项卡，勾选"我的服务器要求身份验证"，最后单击"确定"按钮。这样就可成功发送邮件了。

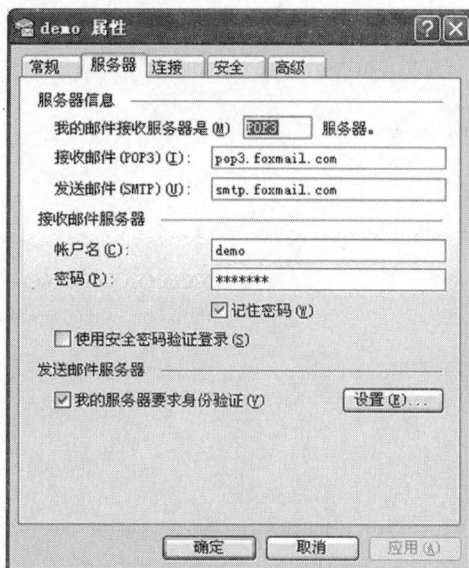

图 16-5　设置身份验证

4. Leapftp 的基本使用方法

（1）启动 Leapftp　开始菜单找到 Leapftp 程序项，单击启动 Leapftp，如图 16-6。

（2）在 FTPServer 文本框中输入 FTP 服务器的域名或者 IP 地址；在 User 文本框，Pass 文本框，Port 文本框中分别输入用户名、密码、端口号，端口号一般缺省为 21；最后"点击"Server 菜单中的 Connect 菜单项或者工具栏连接按钮登陆 FTP 服务器，如

图 16 – 7。

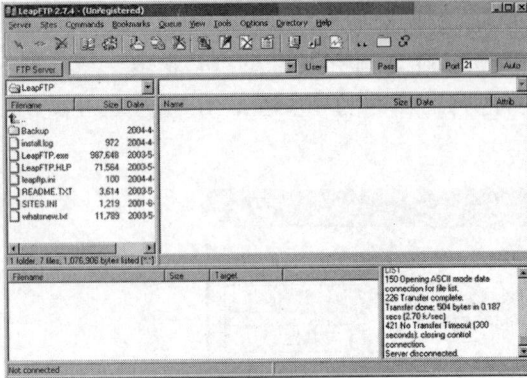

图 16 – 6　Leapftp 运行窗口　　　　　图 16 – 7　Leapftp 登录 FTP 服务器窗口

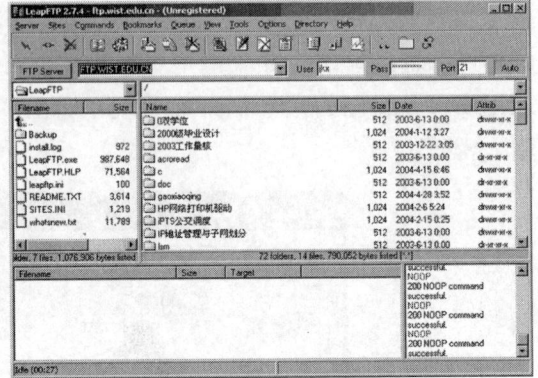

　　在上图 Leapftp 窗口中左边窗口显示本地磁盘内容信息，右边窗口显示 FTP 服务器内容信息。在左边窗口中选定对象后，用鼠标拖动到右边窗口为上传；在右边窗口中选定对象后，用鼠标拖动到左边窗口为下载。

实验十七 VB 对象及操作

【实验目的】

（1）学习 VB 程序软件的启动和退出方式。

（2）熟悉掌握 VB 程序集成编辑环境及及 VB 环境中的多种窗口界面。

（3）学习并熟悉有关对象、事件、属性的基本概念。

（4）学习并掌握编制简单的 VB 程序。

（5）熟悉编制 VB 程序的基本方法、过程及步骤。

（6）了解保存和打开 VB 程序文件的基本方法和步骤。

（7）了解并掌握构成一个最基本的 VB 程序主要有的文件，如窗体文件 . Frm、工程文件 . Vbp。

（8）实验文件保存位置为："D：\ 练习 \ 学号姓名" 文件夹中，请按各人的学号及姓名建立相应的文件夹结构来保存文件。

例如，学生张媛媛学号是 20061204538，则需要建立保存文件的多级文件夹位置为："D：\ 练习 \ 4538 张媛媛"。4538 是学生张媛媛学号 20061204538 的后四位。

说明：保存实验结果文件时，一般文件名称采用 "实验序号 + 本题编号" 的命名原则。如下面第 1 个题目的实验结果文件保存名称为：

窗体文件名为：　　实验1_ 1. frm

工程文件名为：　　实验1_ 1. vbp。

该实验文件的保存原则适用于所有后续实验课文件保存的要求。

【实验内容】

1. 建立 Vb 工程文件程序1

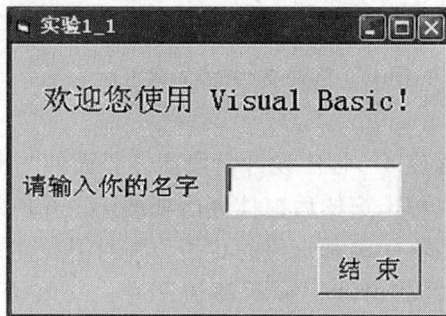

图 17 - 1　运行界面

（1）VB 界面设计：程序运行后窗体界面设计如图 17 - 1 所示。

（2）控件及属性如表 17 - 1 所示

表 17 - 1　控件属性

属性 控件名称	caption	text	Fontsize
Form1	实验1_ 1	无定义	10
Label1	欢迎您使用 Visual Basic！	无定义	18
Label2	请输入您的名字	无定义	10
Text1		空白	10
Command1	结束	无定义	12

（2）代码

Private Sub Command1_ Click（）

End

End Sub

（4）程序调试、保存程序。保存名称：（用实验题目编号）

窗体文件名为实验1_ 1. frm，工程文件名为实验1_ 1. vbp。

2. 建立 Vb 工程文件程序 2　在名称为 Form1 的窗体中建立一个名称为 Cmd1，标题为"显示"的命令按钮，如图 17 - 2 所示。要求程序运行后，如果单击"显示"按钮，则执行语句 Form1. Print "显示"；如果单击窗体，则执行语句 Form1. Cls。窗体文件名为实验1_ 2. frm，工程文件名为实验1_ 2. vbp。

图 17 - 2　建立界面

3. 建立 Vb 工程文件程序 3　在名称为 Form1 的窗体上建立一个名称为 P1 的图片框和两个命令按钮，名称分别为 Cmd1 和 Cmd2，标题分别为"输出"和"清除"，如图 17 - 3 所示。要求程序运行后，单击"输出"按钮，直接在图片框中显示小写字母"load me"；如果单击"清除"按钮，则清除图片框中的内容。窗体文件名为实验1_ 3. frm，工程文件名为实验1_ 3. vbp。

图 17 - 3　建立界面

4. 建立 Vb 工程文件程序 4　程序设计阶段窗体界面如图 17 - 4 所示，程序运行后窗体界面如图 17 - 5 所示，单击窗体后窗体界面如图 17 - 6 所示。

说明：程序中的图片由实验老师提供，也可以用计算机中的其他图片替代。

程序要求：程序启动后在窗体上显示海边图片，并改变窗体的标题为"海边风景"。单击窗体后，在窗体上显示文字"欢迎使用 VB"，并改变窗体的标题为"欢迎界面"。

窗体文件名为实验1_ 4. frm，工程文件名为实验1_ 4. vbp。

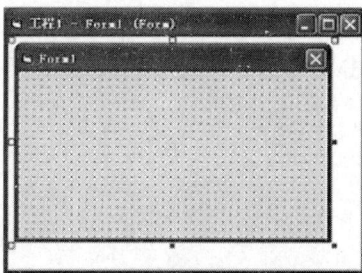

图 17 – 4　设计阶段界面

图 17 – 5　程序运行后界面

图 17 – 6　单击窗体后界面

图 17 – 7　建立 Textl 文本框

5. 建立工程文件 5　在名称为 Form1 的窗体上建立一个名称为 Text1 的文本框，一个名称为 Cmd1，标题为"输出"的命令按钮，如图 17 – 7 所示。要求程序运行后，在文本框输入几个字符，单击"输出"按钮，则在窗体上显示文本框中的文字。

窗体文件名为实验1_ 5. frm，工程文件名为实验1_ 5. vbp。

6. 在名称为 Form1 的窗体上建立两个名称分别为 Cmd1 和 Cmd2，标题为"按钮一"和"按钮二"的命令按钮　注意两个按钮的高度和宽度要一样，如图 17 – 8 所示。要求程序运行后，如果单击"按钮一"，则显示如图 17 – 9 所示的界面。

实验方法：可以用多种方法来实现该题目的要求

（1）将按钮二移动到按钮一的位置，使其重合在一起。

Cmd2. Move X，Y

其中 X、Y 是按钮一左边距和顶边距的数值。也可以直接是按钮一的左边距和顶边距属性值。

（2）将按钮二移动到按钮一的位置，使其重合在一起。

Cmd2. Move Cmd1. Left，Cmd1. Heigh

也可以直接是按钮一的左边距和顶边距属性值。

（3）还可以隐藏按钮二，并改变按钮一的标题属性值为"按钮二"。

Private Sub Cmd1_ Click（ ）

Cmd2. Visible ＝ False

Cmd1. Caption ＝"按钮二"

End Sub

（4）如果采用方式（3），则可以设计单击窗体后，恢复为初始运行界面。

Private Sub Form_ Click（）

Cmd2. Visible ＝ True

Cmd1. Caption ＝"按钮一"

End Sub

窗体文件名为实验1_ 6. frm，工程文件名为实验1_ 6. vbp。

图 17 - 8　两个按钮　　　　　　　　　图 17 - 19　按钮二

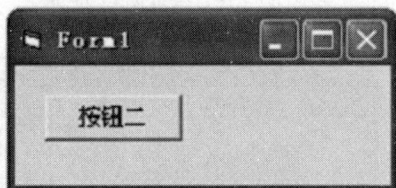

7. 实验阅览欣赏程序事例

（1）单按钮单幅图片浏览　该程序实现图片浏览的功能，可以浏览素材库风景中的多幅图片。工程文件的窗体界面如图 17 - 10 所示，程序的设计要求是单击按钮"1"，显示图片 1. jpg，单击按钮"2"，显示图片 2. jpg，单击按钮"3"，显示图片 3. jpg，单击按钮"4"，显示图片 4. jpg。4 幅图片可以由实验老师上课时候提供，其存放位置如下：

D：\ Bmp \ 1. jpg 、D：\ Bmp \ 2. jpg、D：\ Bmp \ 3. jpg、D：\ Bmp \ 4. jpg

图 17 - 10　浏览图片

说明：该程序比较简单，实验者可以自己编写程序代码，也可以由实验老师处拷贝。

（2）程序由阿里巴巴英雄救人的故事编写而设计的 VB 应用程序。当然，实验者也可以改为自己救人的故事程序代码。

VB 界面设计如图 17 - 11 所示。

如果输入的密码正确（在此程序中为小写字母 key），则将在图片框中显示美女图片：扑克牌的红心 Q（图片位置是"d：\ bmp \ Q2. bmp"），并在窗体上显示救人者姓名和感谢词；

如果输入的密码不正确，则将在图片框中显示图片：扑克牌的黑桃 J（图片位置是"d：\ bmp \ J1. bmp"），并在窗体上显示失望、失败等词语，如图 17 - 12 所示。

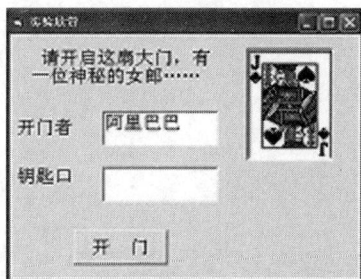

图 17 – 11　阿里巴巴 VB 设计界面

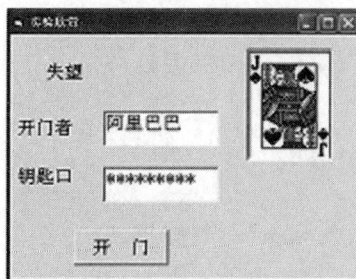

图 17 – 12　失败开启

说明：图片可以由实验老师提供，或实验者自己选用计算机中的其他图片替代。

注意：图片的位置及名称要与程序代码中的一致。

如果是自己找的替代图片，会与原始图片有大小的差异，可能会造成在窗体上显示效果的不理想情况。实验者可以使用图形软件，在老师的指导下适当调整图片的大小后再使用。

主要控件及属性如下表 17 – 2 所示：

表 17 – 2　控件及属性

属性 控件	Caption	text	Passwordchar
Form	实验欣赏		
Label1	请开启这扇大门， 有一位神秘的女郎……		
Label2	钥匙口		
Lable3	开门者		
Command1	开　门		
Text1			*
Text2		阿里巴巴	
Picture1			

程序代码如下：

```
Private Sub Command1_ Click （ ）
Dim g As Integer
If Text1. Text ＜ ＞ "key" Then
Picture1. Picture = LoadPicture （"d：\ bmp \ J1. bmp"）
Randomize
g = Int （（6 ＊ Rnd）+ 1）
Select Case g
```

Case 1

Label1. Caption ＝ "失败!"

Case 2

Label1. Caption ＝ "错误!"

Case 3

Label1. Caption ＝ "懊丧。"

Case 4

Label1. Caption ＝ "没劲!"

Case 5

Label1. Caption ＝ "失望。"

Case 6

Label1. Caption ＝ "NO!"

End Select

Else

Picture1. Picture ＝ LoadPicture（"d：\ bmp \ Q2. bmp"）

Label1. Caption ＝ " "& Text2. Text & "，感谢您救了我!"

End If

End Sub

（3）单按钮多幅图片浏览。工程文件的窗体界面如图 17 – 13 所示，程序的设计要求是浏览素材库风景中的多幅图片。窗体上有一个图片框和两个命令按钮，单击按钮一向后浏览图片，单击按钮二向前浏览图片。

说明：程序代码和素材风景图片，在做上机实验时，由实验老师拷贝给实验者。注意素材风景图片的存放位置。

图 17 – 13　窗体界面

实验十八 VB 程序设计基础

【实验目的】

（1）学习了解 VB 中的各种数据类型。

（2）学习并熟悉 VB 中常量和变量的基本概念。

（3）熟练掌握常用的内部函数及应用。

（4）熟练掌握常用运算符如算术运算符、关系运算符和逻辑运算符及其应用。

（5）熟练掌握 VB 表达式的书写规范。

（6）实验文件保存位置为："D：\ 练习 \ 学号姓名"文件夹中。

（7）实验题目 6 及之后的实验内容结果放在 Word 文件中集中保存。

【实验内容】

1. 字符截取函数的应用

设有如下程序段：

C = date（ ）   ' 设当前系统日期是 2008 年 3 月 11 日

Print Left（c，4）；Mid（c，6，1）；Right（c，2）   ' 显示：2008311

设计程序编写代码，程序运行后，单击窗体，在窗体上显示当前系统日期格式如："现在是 2008 年 3 月 11 号"

要求：①年月日字符的截取必须使用三种字符截取函数 Left（ ）、Mid（ ）、Right（ ）来实现，②截取后各部分的连接用两种方式完成：连接运算符"&"和分号"；"运算符。

采用连接运算符"&"连接后的输出格式外观如图 8 - 1，注意在"是"、"年"、"月"后要有空格。

图 18 - 1 结果

图 18 - 2 输出格式外观

采用分号"；"运算符连接后的输出格式外观如下，注意在"是"字后要有空格（图 8 - 2）。

2. 日期时间函数的应用 设有如下程序段。

C = date（ ）   ' 设当前系统日期是 2008 年 3 月 11 日

Print Year（C）；Month（C）；Day（C）   ' 显示：2008 3 11

设当前系统日期是 2008 年 3 月 11 日，设计程序编写代码，程序运行后，单击窗体，在窗体上显示当前系统日期格式如下：

"现在是 2008 年 3 月 11 号"

要求：①年月日数值的截取必须使用三种日期函数 Year（ ）、Month（ ）、Day（ ）来实现。

②截取后各部分的连接用两种方式完成：连接运算符 "&" 和分号 ";" 运算符。

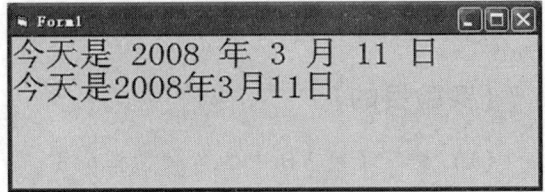

图 18-3 输出格式外观

采用分号 ";" 运算符连接后的输出格式外观如图 18-3 中第一行，注意在所有数字前后都带有空格。

采用连接运算符 "&" 连接后的输出格式外观如图 18-3 中第二行，注意在所有字符和数字前后都没有空格。

3. 随机函数的应用 编写程序代码，要求在程序窗口完成下列各小题的要求：① 利用 RND 函数产生 0 到 1 之间的小数。② 利用 RND 函数产生 0 到 10 之间的数。③ 利用 RND 函数产生 0 到 10 之间的整数。④ 利用 RND 函数产生 I0 到 20 之间的整数。⑤ 利用 RND 函数产生 13 到 45 之间的整数。⑥ 利用 RND 函数产生 0 到 100 之间的整数。⑦ 利用 RND 函数产生 1 到 100 之间的整数。

程序运行后的输出界面如图 18-4 所示。

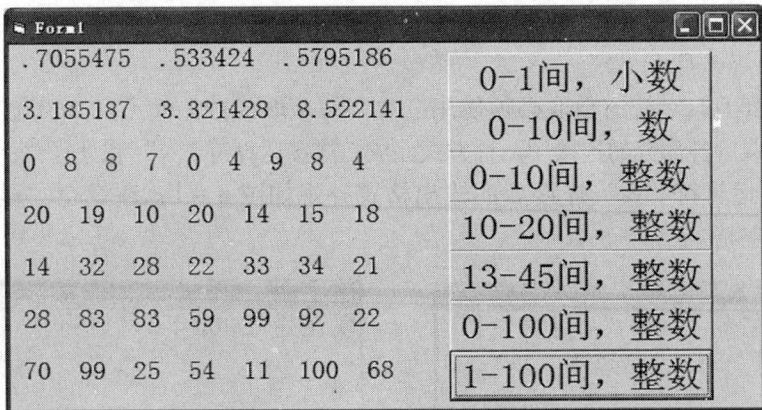

图 18-4 输出界面

提示说明：①使用 Print 语句和相应函数表达式完成。②每小题要求产生不少于 3 个数，如图，可连续单击相应按钮完成。注意 Print 语句后用分号 ";" 结尾。③每小题数据之间的空行可以在窗体的单击事件中来实现。即增加代码：

```
Private Sub Form_ Click ()
Print
End Sub
```

4. 字符串连接运算符的应用

（1）"12" & "3" + 45 =

（2）"12" + 3 & "45" =

（3）12 & "3" & "45" =

设计建立程序窗体，要求单击"计算"按钮在窗体上显示如图18-5的计算结果。

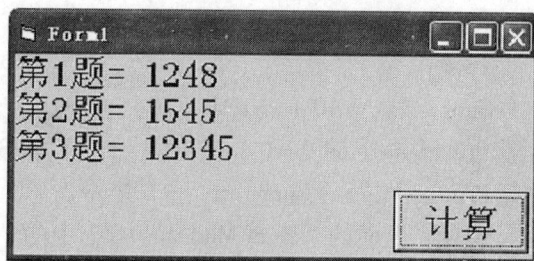

注意：每个算式的前面部分（包括 = 号）是直接输出的字符串，后面 1248、1545、12345 是字符串连接运算符的应用计算结果。

图18-5　计算结果

5. 取模运算符号"Mod"和取余运算符号"\"的应用

Mod 运算符：应用于两数相除的整数运算，结果是取被除数的整数余数部分。

\ 运算符：应用于两数相除的整数运算，结果是取商的整数部分。

这两个运算符号配合使用，可以很便捷的对数值型数据进行取出各位上数字的操作。

例如374这个数，要取出其个位、十位、百位上的数字，可以进行如下的运算操作：

令 x = 374，则有：

取出个位数字：　　　　x Mod 10

（二种方法）　　　　　x − (x \ 10) * 10

取出十位数字：　　　　(x \ 10) Mod 10

（三种方法）　　　　　(x Mod 100) \ 10

　　　　　　　　　　　Int (x / 10) Mod 10

取出百位数字：　　　　x \ 100

（二种方法）　　　　　Int (x / 100)

由上面可以知道，利用我们学习过的各种运算符号，可以有多种方式来截取数值数据的各位上数字。实际上，取出一个数各位上数字的操作还有更多的方法可以采用。大家可以尝试再找出一些其他的方式。

下面要求应用上面的取数方法来实现操作：

（1）任意输入一个4位数，如3268，要求将其输出表示如下形式：

3000　200　60　8

（2）任意输入一个5位数，如12345，要求将其输出表示成反向排列形式：

5　4　3　2　1

（3）任意输入一个多位数，如83，我们求出它的反序排列数，就是38；然后两数相减得到数45。将数45的各位上数字相加，即4 + 5得到最后结果数值为9。我们的结论是：这个结果数值一定是9的倍数。

下面我们在程序中来实现这种判断，参考程序代码如下：

```
x = 83                               '输入初始数 x，83
y = x \ 10 + (x Mod 10) * 10         '求出反序数 y，38
z = x - y                            '求两数差结果数 z，45
Sum = z \ 10 + (z Mod 10) * 10       '求出 z 数各位数字和 sum，9
Print Sum Mod 9 = 0                  '如 Sum Mod 9 = 0，结果一定是真 True。
Print x；y；z；sum
```

说明：上面的"Sum Mod 9 = 0"中的"="是关系运算符号，"Sum Mod 9 = 0"是一个关系表达式。如果关系成立，表达式的值为 True，否则为 False。

以上的结论对任意多位数都有效，下面要求大家任意输入一个 4 位数，并编写程序代码证明上面的结论。

程序的参考输出界面如图 18 - 6，18 - 7。(此处设输入的数值为 7456)

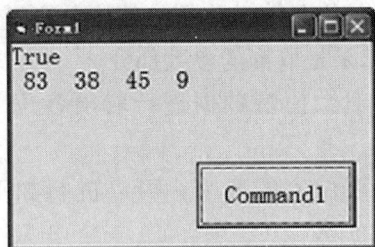

图 18 - 6 参考输出   图 18 - 7 参考输出

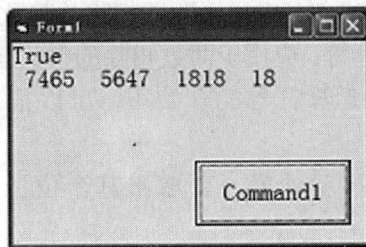

6. 完成下面各选择题，并在程序窗口进行验证。

(1) 代数式 $\dfrac{a+b}{\sqrt{c+\ln a}+\dfrac{c}{d}}$ 的 Visual Basic 表达式是 ( )。

A. a + b/Sqr (c + Log (a)) + c/d

B. (a + b) /Abs (c + Log (a)) + c/d

C. (a + b) / (Abs (c + Log (a)) + c/d)

D. (a + b) / (Sqr (c + Log (a)) + c/d)

(2) 条件"x 能被 m 整除、但不能被 n 整除"的 VB 表达式为 ( )。

A. x Mod m = 0 & x Mod n < >0.

B. x \ m * m = x \ n * n < >x

C. (x \ m) * m = x And (x \ n) * n < >x

D. x Mod m = 0 And x Mod n ! = 0

(3) 能正确表示条件"整型变量 x 值是大于等于 - 5 并且小于等于 5"的逻辑表达式 ( )。

A. - 5 < x < 5   B. - 5 < = x < = 5

C. - 5 < = x and x < = 5   D. - 5 < = x && x < = 5

(4) 不能正确表示条件"两个整型变量 A 和 B 之一为 0，但不能同时为 0"的表

达式是（ ）

A. A * B = 0 and A + B < >0

B. （A = 0 or B = 0）and （A < >0 Or B < >0）

C. not （A = 0 And B = 0）and （A = 0 or B = 0）

D. A * B = 0 and （A = 0 or B = 0）

（5）四个字符" D"," z"," A"," 9" 的 ASCII 码值最大的是（ ）。

A. "D"   B. L "z"

C. "A"   D. "9"

（6）设 a = 4，b = 3，c = 2，d = 1，下列表达式的值是（ ）。

a > b + 1 Or c < d And b Mod c

A. True   B. 1

C. －1   D. 0

（7）表达式 4 + 5 \ 6 * 7 / 8 Mod 9 的值是（ ）。

A. 4   B. 5

C. 6   D. 7

（8）"x 是小于 105 的非负数"，下列 VB 表达式正确的是（ ）。

A. 0 < = x < 105   B. 0 < = x and x < 105

C. 0 < = x or x < 105   D. 0 < > x and x < 105

（9）数学式 tg45°的 VB 表达式是（ ）。

A. tan （45°）   B. tan （45 * 180/3. 14159）

C. tan45   D. tan （45 * 3. 14159/180）

（10）表达式 4 + 5 \ 6 * 7/8 mod 9 的值是（ ）。

A. 4   B. 5

C. 6   D. 7

（11）函数 Int （Rnd （ ） * 100）是在（ ）范围内的整数。

A. （0，1）   B. （0，100）

C. （0，99）   D. （1，100）

（12）如果 x 是一个正实数，对 x 的第二位小数四舍五入的表达式是（ ）。

A. 0. 1 * Int （x + 0. 5）   B. 0. 1 * Int （10 * （x + 0. 05））

C. 0. 1 * Int （100 * （x + 0. 5）） D. 0. 1 * Int （x + 0. 05）

7. 完成下面各填空题，并在程序窗口进行验证。

（1）设有如下的 Visual Basic 表达式：

）） 5 * x^2 - 3 * x - 2 * Sin （a）/3

它相当于代数式_____。

（2）数学式 I 3ycos （w + p）I 的 VB 表达式为_____。

（3）6 四个字符串" XY"、" XYZ"、" ab" 及" abc" 中的最大者为_____。

（4）把数学代数式 I x I ≤8 写成 VB 的关系表达式_____。

（5）表达式 34 MOD（1 – 3^3）的值为＿＿＿＿＿＿。

（6）表达式 INT（1.6）= FIX（1.6）的值为＿＿＿＿＿＿。

（7）表达式 Fix（ – 32.68）+ Int（ – 23.02）的值为＿＿＿＿＿＿。

8. 完成下面各题，求出各函数或表达式的值，并在程序窗口进行验证。

（1）写出下列表达式的值

A. 10 > = 2 * 4   B. "ABCD" < = "ABCDE"

C. "ABC" & "ABC" < > "ABC"   D. 13 < > 12 Or Not 15 > 19 – 2

E. (– 1 OR 1 < > 1) + 1   F. Not 10 – 5 < > 5

G. (– 1 And 1 < > 1) – 1   H. 3 > 5 And 4 < 9

（2）写出下列函数的值

A. Int（45）   B. Int（Abs（1 – 11）/2）

C. Fix（ – 5.2）   D. Sqr（2^3）

E. Sgn（5 * 2 – 2 * 6）   F. Right（"vbName"，4）

G. Ucase（"vbName"）   H. Val（"105th"）

I. Str（"123.45"）   J. Len（"vbName"）

9. 用运算符组成表达式，完成下面各题的命题，并在程序窗口进行验证。

（1）a 是 b 或 c 的倍数

（2）a 是 100 以内的正整数，且是偶数

（3）| a | > | b | 或者 a < = b

（4）表示 15 < = x < 20 的关系表达式

（5）x、y 中有一个不等于 z

（6）产生"A"至"P"范围内（包括 A 和 P）的大写字母

（7）表示 x 是 3 或 13 的倍数

实验十九　顺序结构程序设计

【实验要求】

（1）学习了解 VB 程序代码语句的基本规则。

（2）学习并熟悉掌握 VB 中字体、字号、颜色及有关属性的设置方法。

（3）熟练掌握输出函数 Msgbox 和输入函数 Inputbox 的使用方法。

（4）掌握赋值语句的基本概念，熟悉语句的书写规则。

（5）熟练掌握简单顺序结构程序的基本设计过程。

（6）了解并熟悉 VB 算法的基本概念，并在编写具体程序事件代码过程中正确使用。

（7）实验文件保存位置为："D：\ 练习 \ 学号姓名"文件夹中。

（8）实验题目 2_ 6 及之后的实验内容结果放在 Word 文件中集中保存。

【实验内容】

1. 设计窗口程序代码　实现改变窗体的前景、背景颜色及改变窗体显示字体的大小功能。程序运行后，单击窗口按钮，将窗体的背景颜色改为黄色；前景颜色为红色；字体大小为 24 号；并在窗体上显示文字"Wellcome！"。窗口的界面设计运行后的情况如图 19 - 1 所示：

控件的主要属性如下表 19 - 1。

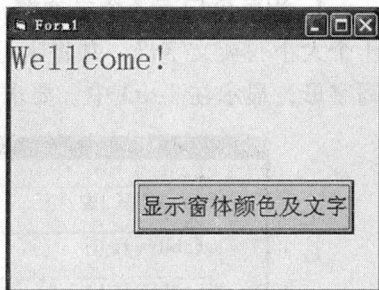

图 19 - 1　运行结果

表 19 - 1　控件及主要属性

属性 控件名称	Name	Font	Caption
窗体	Form1		Form1
按钮	Cmd1	楷体 5 号	显示窗体颜色及文字

参考代码如下：

Form1. BackColor ＝ &HFFFF&

Form1. ForeColor ＝ &HFF&

Form1. FontSize ＝ 24

Form1. Print "Wellcome！"

程序运行、调试修改，正确后保存。

2. 设计程序，改变窗体（Form1）上显示文字的颜色　如图 19 - 2 所示。

前景属性：ForeColor

背景颜色：BackColor

红色：&H0000FF&

绿色：&H00FF00&

蓝色：&HFF0000&

属性设置语句：例如 Form1. ForeColor = &H00FF00&（绿色）

3. 编写程序代码 要求能在窗体上显示三种字体，显示三种字号。图 19 – 3 所示的是程序运行以后的界面，即有三种字体楷体、隶书和宋体（默认字体），3 种字号 15 号、25 号和 9 号（默认字号）。

窗口中第 1 个按钮"显示字符"，作用是在窗体上显示字符"改变字体、字型字号"；第 2 至第 5 个按钮设置不同的字体、字号；第 6 个按钮功能是显示当前的字体及字号，即显示属性值 FontName、FontSize 的当前值。

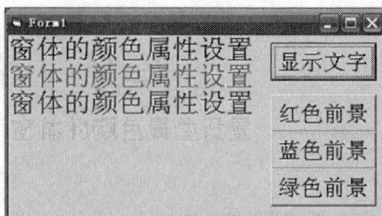

图 19 – 2　显示文字颜色

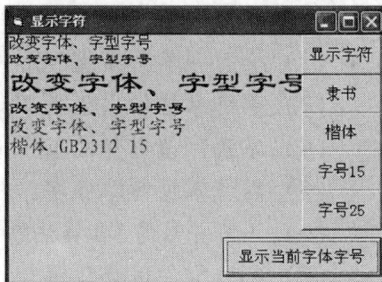

图 19 – 3 运行结果

4. 程序窗口有 3 个文本框 Text1、Text2、Text3。程序运行后，在 Text1 中输入若干个大小写英文字母，并将字母全部转换为小写字母，显示在 Text2 中；全部转换为大写字母，显示在 Text3 中。要求编写两组程序代码，用两种方式来完成此题任务。

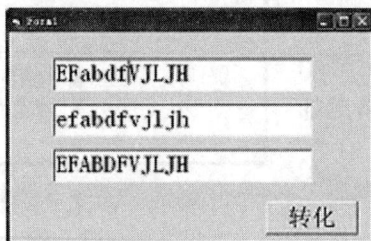

图 19 – 4　增加按钮

图 19 – 5　使用文本框的 change 事件

（1）如图 19 – 4，增加一个按钮，输入完成后单击按钮"转化"完成转化任务。

Private Sub Command1＿ Click（）

（编写转换事件代码）

End Sub

（2）如图 19 – 5，使用文本框的 change 事件，在输入的同时就完成转化工作。

Private Sub Text1＿ Change（）

（编写转换事件代码）

End Sub

注意，第 2 种方法转换，在窗体上是没有设置命令按钮的。

5. 使用 Print 方法和 Format（ ）函数输出

（1）创建工程程序窗口，使用 Print 方法输出如图 19 – 6 的日期格式。

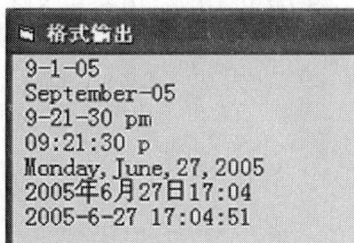

图 19 - 6　输出

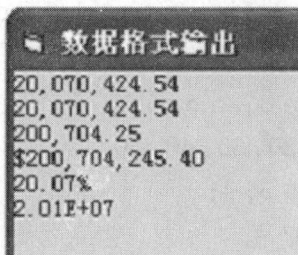

图 19 - 7　输出

（2）创建工程程序窗口，使用 Print 方法和 Format（ ）函数输出如图 19 - 7 数值格式。

6. 使用 MsgBox 函数　设计显示如图 19 - 8 ~ 19 - 11，4 个图的对话框窗口，（注意默认按钮位置），并要求在单击各个默认按钮时，在窗体上输出该按钮对应的返回值。

例如，单击"否"在窗体输出数值"7"；单击"重试"输出数值"5"等。

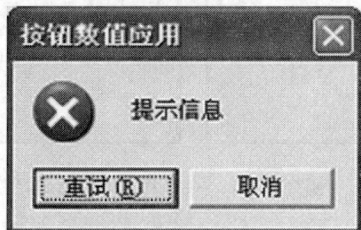

图 19 - 8　设计显示 1

图 19 - 9　设计显示 2

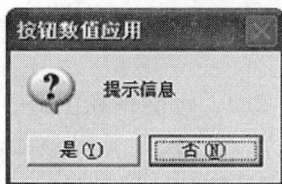

图 19 - 10　设计显示 3

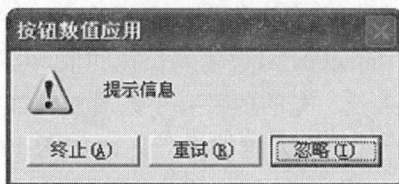

图 19 - 11　设计显示 4

7. Print 方法语句的使用　使用 Print 方法语句输出图 19 - 12 所示的格式数据。

```
Private Sub Command1_ Click（ ）
Print 100 + 20 * 3 输出：160
Form1. Print "Hello"；输出：Hello
Picture1. Print "Morning"；图片框上
输出：Morning
Print "圆的面积是："；3.14 * 10 *
10 输出：圆的面积是：314
```

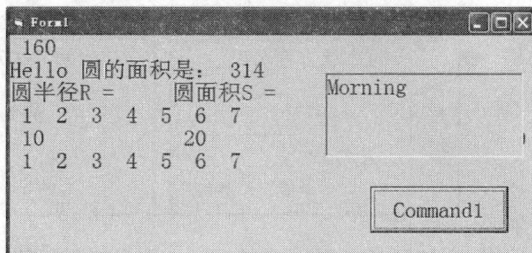

图 19 - 12　输出

Print "圆半径 R = "; R, "圆面积 S = "; S 输出: R = 10 S = 314

´（设半径为 10，面积为 314 ）

Print 1；2；3；4；5；6；7

Print 10，20，30，40，50

Print 1；2；3；4；

Print 5；6；7

Print

End Sub

8. 已知长方形的长 A 是 100、宽 B 是 50，求长方形的面积 S 和周长 L　输出界面如图 19 – 13 所示，设计程序及窗体界面，要求用两种方式完成。

（1）不使用变量完成任务。

（2）要求使用变量来完成；变量使用前要定义变量；长、宽变量定义为整型变量，面积、周长变量自己确定正确的类型。

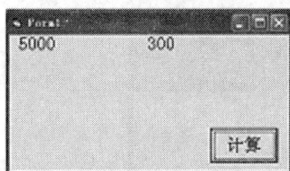

图 19 – 13　输出　　　　图 19 – 14　初始界面　　　　图 19 – 15 运行后界面

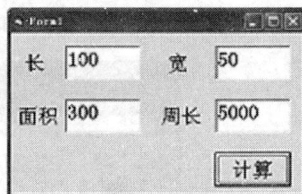

9. 设计程序及窗口界面　如图 19 – 14 所示，求长方形的面积 S 和周长 L，要求用两种输入方式完成。图 19 – 15 是运行后的界面。

（1）在文本框中直接输入长宽的值。

（2）使用 Inputbox 函数输入长宽的值。

说明：输入长、宽的值带有小数时候，如 3.5、2.8，也能得到正确的结果。

10. 求解一元二次方程的根　界面如图 19 – 16 所示。输入 a、b、c 后，用下面公式求解。图 19 – 17 、图 19 – 18 是运行后输入数据和计算的结果显示。

$$x1 = （ - b + \sqrt{b^2 - 4ac} ） / （2a）$$

$$x2 = （ - b - \sqrt{b^2 - 4ac} ） / （2a）$$

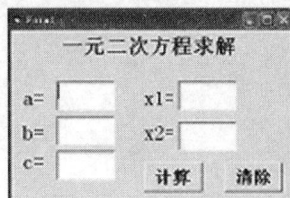

图 19 – 16　方程求解　　　图 19 – 17　输入 a、b、c　　　图 19 – 18　求解

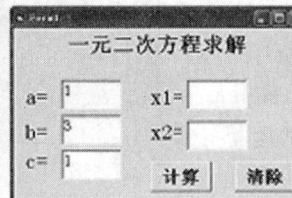

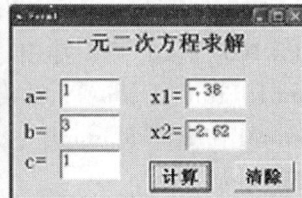

116

解题过程如下：

（1）定义变量：a、b、c、x1、x2

（2）变量 a、b、c 赋值：（用文本框或者输入函数 InputBox 为变量赋值）

输入函数：如 a = Val（InputBox（"输入二次项系数 a"，"解一元二次方程"））

用文本框：如 a = Val（Text1.Text）等

（3）计算求解 x1、x2

x1 =（ − b + Sqr（b^2 − 4 ∗ a ∗ c））/（2 ∗ a）

x2 =（ − b − Sqr（b^2 − 4 ∗ a ∗ c））/（2 ∗ a）

（4）输出结果 x1、x2：如图 19 − 18。

注意：输入时候注意根判别式值不能小于 0；

输入数据后，要用 Val（）函数转化后再赋值。

11. 设计程序，输入两个变量值 然后交换它们的值。

说明：要求直接在程序中输入 a、b 的值交换，交换后，在窗体上打印输出 a、b 两个变量的值，如图 19 − 19 所示。

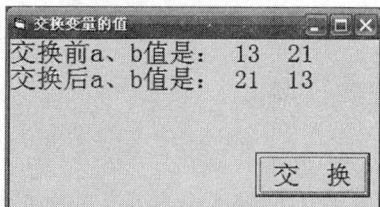

12. 设计程序，定义两个变量 输入变量值，并交换它们的值。

图 19 − 19 交换音量的值

说明：在文本框中输入两个数值，单击交换按钮后，分别将两个数值赋值给变量 a、b，然后交换 a、b 两个变量的值，并在文本框中显示交换的结果，如图 19 − 20、图 19 − 21、图 19 − 22 所示。

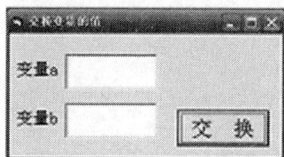

图 19 − 20 程序初始界面　图 19 − 21 输入 a、b 的值　图 19 − 22 执行交换后界面

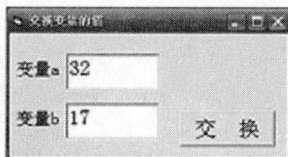

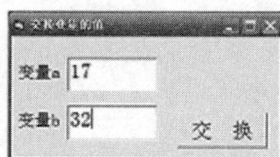

13. 设计程序，在文本框 1、2 中输入要交换的数，单击交换按钮后，将 Text1 值赋给 Text3，Text2 的值赋给 Text4，然后交换文本框 3、4 中的值，如图 19 − 23、图 19 − 24、图 19 − 25 所示（本题不使用变量，直接用文本框交换）。

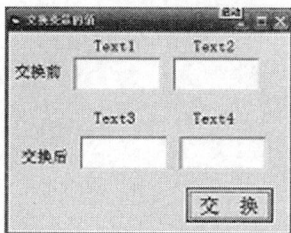

图 19 − 23 程序初始界面　图 19 − 24 输入交换的值　图 19 − 25 执行交换后界面

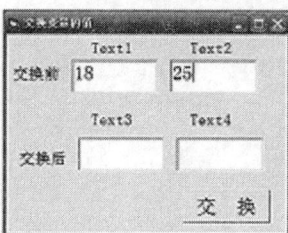

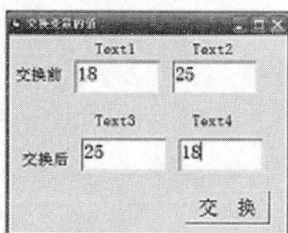

14. 设计程序，输入两个交换的值，然后交换它们的值 要求分 3 步完成。

界面设置要求如图 19 – 26 所示，设置 3 个文本框，在 Text1、Text2 中输入交换的值，Text3 作为辅助交换用。要求使用 3 个命令按钮、即分三步来完成交换操作。每单击一步按钮，完成交换中的一步，并在文本框中作相应显示。

说明：可以设置变量来辅助完成交换，也可以直接使用文本框来交换。

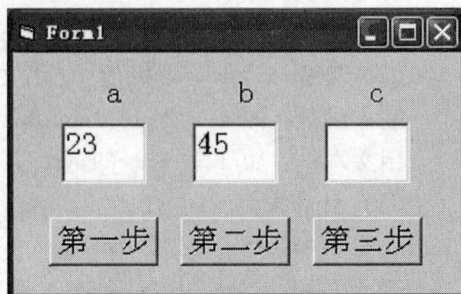

图 19 – 26 界面设置要求

实验二十　选择结构程序设计

【实验要求】

（1）熟悉并掌握选择结构的各种基本语句结构。
（2）熟练掌握并应用单行及多行 IF 语句设计程序、解决问题。
（3）掌握多分支选择语句的基本使用方法。
（4）熟练掌握并运用各种选择结构语句来解决比较复杂的问题。
（5）实验文件保存位置为："D：\ 练习 \ 学号姓名"文件夹中。

【实验内容】

1. 任意输入三个数 a，b，c 要求输出其中数值最大的一个数。
要求用三种不同方法来做题，例如：
（1）将最大数放入辅助变量中，最后输出 Max。
（2）不设辅助变量，将最大数放在 a 变量中，最后输出 a（允许丢失变量值）。
（3）固定输出 a（但不能丢失三个变量值）。
要求用文本框输出 a、b、c 的值，用文本框输出最大的数值。

2. 定义两个变量 x、y 输入 x 的值，y 值为：

$$y = \begin{cases} 2x + 10 & x > 0 \\ 10 - x & x = 0 \\ x & x < 0 \end{cases}$$

要求下面几种方法做：（界面如图 20 – 1 所示）

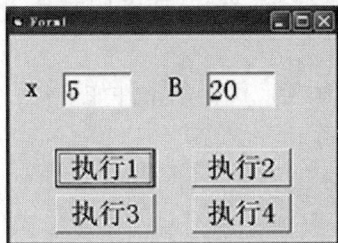

图 20 – 1　界面 1

图 20 – 2　界面 2

（1）用单分支 if 语句实现。
（2）用 if 嵌套实现，嵌套在语句 2 位置，条件 1 用"x > 0"。
（3）用 if 嵌套实现，嵌套在语句 1 位置：条件 1 用"x < = 0"条件。
（4）先直接给 y 赋值：y = 2 * x + 10，然后用两个单分支 if 语句完成。
（5）先直接给 y 赋值：y = 2 * x + 10，然后用 if 嵌套语句完成。

3. 定义两个变量 x 、y 输入 x 的值，y 值为：

$$y = \begin{cases} 2x + 10 & x >= 10 \\ 10 - x & -3 = < x < 10 \\ x & x < -3 \end{cases}$$

要求下面几种方法做：（界面如图 20 - 2 所示）

（1）用单分支 If 语句实现。

（2）用 If 嵌套实现，嵌套在语句 2 位置，条件 1 用 "x > = 10"

（3）用 If 嵌套实现，嵌套在语句 1 位置：条件 1 用 "x < 10" 条件

（4）先直接给 y 赋值：y = 2 * x + 10，然后用两个单分支 If 语句完成。

（5）先直接给 y 赋值：y = 2 * x + 10，然后用 If 嵌套语句完成。

4. 求解一元二次方程 输入方程系数 a、b、c，求出根的判别式：

$$D = b * b - 4 * a * c$$

针对下面三种情况求方程的解。

如果 d > 0 有两个不同的根

如果 d = 0 有两个相同的根

如果 d < 0 无解（或者有两个虚根）

用文本框输入 a、b、c 的值，输出 X1、X2 也用文本框输出。

界面要求：图 20 - 3 所示。

5. 输入任意三个整数 a、b、c 要求按从小到大顺序将三个数排顺放入 a、b、c，最后输出三个数。

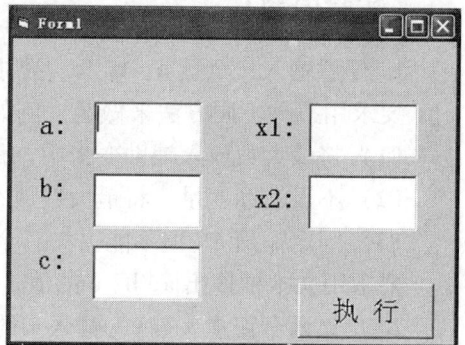

图 20 - 3 程序界面

6. 用 Rnd ( ) 函数产生 1 个 100 以内的整数 判断是奇数或偶数，并用 Print 语句输出相应说明信息。

7. 任意输入 1 个整数 并判断该数是否为 3、或者 5、或者同时是 3 和 5 的倍数，并对上述 4 种情况输出相应说明信息。

8. 任意输入一个年份 判断该年份是否是闰年。闰年的条件如下：

（1）该年份能被 4 整除，但不能被 100 整除

（2）该年份能被 400 整除。

（如果不用逻辑运算符最佳，但不作要求）

9. 用键盘输入任意 4 个数 要求按小大顺序输出 4 个数。

10. 编写程序计算下面表达式的值 用多分支选择结构完成。

$$y = \begin{cases} x & (x < 0) \\ 2x + 1 & (0 \leq x < 20) \\ 3x + 5 & (20 \leq x < 40) \\ 0 & (x \geq 40) \end{cases}$$

11. 任意输入两个整数 m、n 判断大数 m 是否是小数 n 的倍数，并作出相应说明

信息。

12. 但使用 Rnd（）函数产生两个整数 m、n　同上题，如果 m < n 先交换两个数。

13. 输入 1 个位数不多 4 位的正整数　要求①求出它是几位数；②分别打印出每一位数字；③按逆序输出该数字，如原数是 123，则输出 321。

说明 1：对任意一个正整数 X，取出各位数字的方法如下：

取个位：X Mod 10

取十位：（X ＼ 10）Mod 10；（X Mod 100）＼ 10；Int（X ／ 10）Mod 10；

取百位：（X ＼ 100）Mod 10；（X Mod 1000）＼ 100；Int（X ／ 100）Mod 10

说明 2：判断一个正整数 X 是几位数，用相应的 10 的几次方幂去除它为零：

如 X = 345，X ＼ 10^3 = 0

If x ＼ 10^3 = 0 Then Print "X 是 3 位数"

实验二十一 循环结构程序设计

【实验目的】

（1）了解并熟悉循环结构的各种基本语句结构。

（2）掌握 FOR 循环语句的基本使用和解决问题方法。

（3）了解熟悉 DO、WHILE 循环语句的使用方法。

（4）并运用各种循环结构语句来解决的问题。

（5）实验文件保存位置为："D：\ 练习 \ 学号姓名"文件夹中。

【实验内容】

1. 累加、累乘程序设计 做在一个程序中，用 12 个按钮分别完成，参考窗口输出界面如图 21 - 1 所示。

（1）S = 1 + 2 + 3 + 4 + 5 + 6 + 7 + 8 + 9 + 10

（2）S = 1 + 2 + 3 + 4 + ……98 + 99 + 100
要求初值为 1，终值为 100

（3）S = 1 + 2 + 3 + 4 + ……98 + 99 + 100
要求初值为 100，终值为 1

（4）S = 1 + + 3 + 5 + 7 + ……95 + 97 + 99

（5）S = 12 + 22 + 32 + 42 + 52 + 62 + 72 + 82 + 92 + 102

（6）S = 13 + 23 + 33 + 43 + 53 + 63 + 73 + 83 + 93 + 103

图 21 - 1 输出

（7）S = 1 + 1/2 + 1/3 + 1/4 + 1/5 + 1/6 + 1/7 + 1/8 + 1/9 + 1/10
（保留两位小数）

（8）S = （1 + 2）+（2 + 3）+（3 + 4）+（4 + 5）+ …… +（8 + 9）+（9 + 10）

（9）S = 1 * 2 * 3 * 4 * 5 * 6 * 7 * 8 * 9 * 10

（10）S = 1/（1 + 2）+ 1/（2 + 3）+ 1/（3 + 4）+ …… + 1/（8 + 9）+ 1/（9 + 10）+ 1/（10 + 11）

（11）S = 1 - 2 + 3 - 4 + …… - 98 + 99 - 100

（12）S = 1 +（1 * 2）+（1 * 2 * 3）+（1 * 2 * 3 * 4）+ …… +（1 * 2 * 3 * 4 * 5 * 6 * 7 * 8 * 9 * 10）

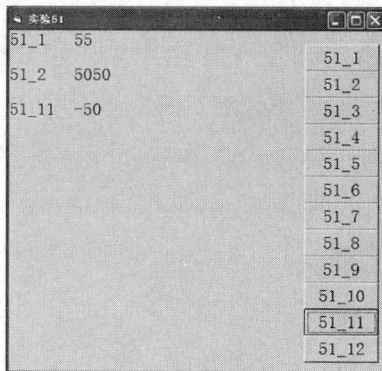

2. 设计程序，完成下面各题的要求 做在一个程序中，用 3 个按钮分别完成。参

考窗口输出界面如图 21 - 2 所示。

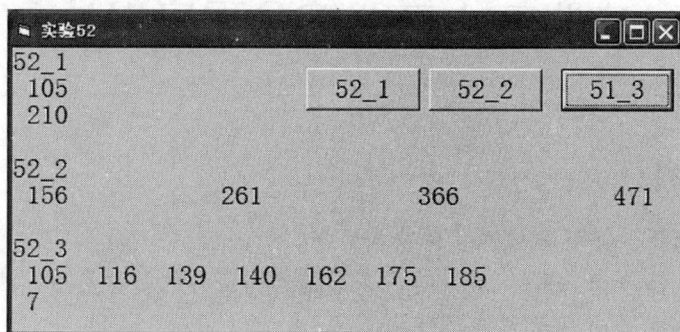

图 21 - 2　输出

（1）找出 1 到 300 以内所有能同时被 3、5、7 整除的正整数。要求每行打印 1 个数。

（2）找出 100 到 500 以内所有的数，该数被 3 除为 0、被 5 除余 1、被 7 除余 2。要求按分区格式打印输出。

（3）找出 100 到 200 以内所有的数，该数能同时被 5 和 7 整除，或者被 23 整除余 1，并用 N 记录满足该条件的数的个数。要求按紧凑格式打印输出。

3. 设计程序，完成下面各题的要求　做在一个程序中，用 3 个按钮分别完成。程序输出窗口界面参考上面第 1、2 题样式。

（1）找出 100 到 500 以内所有能同时被 3、5、7 整除的数，并用变量 N 记录有多少个数。

（2）打印输出 100 到 500 之间第 1 个能同时被 3、5、7 整除的正整数。

（3）打印输出 100 到 500 之间第 2 个能同时被 3、5、7 整除的正整数。

4. 设计程序，完成下面各题的要求　做在一个程序中，用 2 个按钮分别完成。程序输出窗口界面参考上面第 1、2 题样式。

（1）计算 S = 1 + 2 + 3 + 4 + …… + n + (n + 1) + (n + 2) + ……
在累加过程中，求当 S 的值首次大于 3000 时候的 n 值是多少。

（2）计算 S = 1 + 2 + 3 + 4 + …… + n + (n + 1) + (n + 2) + ……
在累加过程中，求当 S 的值不大于 1000 时候的最大 n 值是多少。

5. 设计程序　计算 S = 1 + 2 + 3 + 4 + …… + 98 + 99 + 100 的值。要求输出打印显示每次循环得到的 S 值，并按每行 6 个数打印输出。程序输出窗口界面参考上面第 1、2 题样式。

6. 任意输入一个正整数，判断该数是否为素数　一个数为素数的条件是：该数只能被 1 和它自身整除。程序输出窗口界面参考上面第 1、2 题样式。

算法：输入一个数 n，然后用 2 至 n - 1 的循环数整除 n，只要发现能有一次被整除，就不是素数。

7. 设计程序代码，找出 50 到 300 以内的所有素数　要求每行 6 个数打印输出，每列数字对齐输出。程序输出窗口界面参考上面第 1、2 题样式。

实验二十二　综合程序设计

【实验要求】

（1）熟悉选择、循环结构的各种基本语句。

（2）熟练掌握单行、多行 IF 语句、多分支选择语句的基本使用方法。

（3）熟练掌握 FOR 循环语句的使用方法。

（4）掌握 DO、WHILE 循环语句的使用方法。

（5）熟练掌握并运用各种选择、循环结构语句来解决比较复杂的问题。

（6）实验文件保存位置为："D：\练习\学号姓名"文件夹中。

【实验内容】

1. 编写程序，实现登录教务管理系统的功能　界面设置如图 22－1 所示，在窗体上建立三个文本框，二个命令按钮，四个标签。程序运行后，输入姓名、学号和密码等三项内容，单击"登陆"按钮，程序对姓名和密码两项进行判断。输入正确时，给出提示"系统登陆成功！"；输入错误时，给出提示"请重新输入！"

说明：① 必须姓名和密码两项同时输入正确，才能通过。

② 可以提高系统的功能，如设计若姓名密码输入三次不正确，则将自动结束操作，退出程序。

要实现这个功能，需要设置一个"窗体级变量"或"静态变量"，使其能在程序中完成累计次数的功能。

设置窗体级变量要在"代码窗口"的"通用段"（程序代码顶部）定义一个计数变量 N（Dim N As Integer）；设置静态变量在"登陆"按钮的事件代码中定义一个静态计数变量 N（Static N As Integer）。

图 22－1　界面设置

程序中使用的控件如下表 22－1。

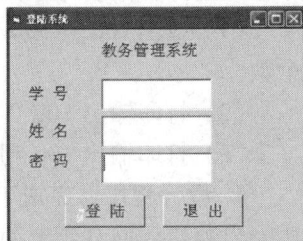

表 22－1　控件

控件	属性	设置值
Form1	Caption	登陆系统
Label1	Caption	教务管理系统
Label2	Caption	学号
Label3	Caption	姓名
Label4	Caption	密码
Command1	Caption	登陆
Command2	Caption	退出

续表

控件	属性	设置值
Text1	Text	空
Text2	Text	空
Text3	Text	空
Text3	Passwordchar	*

2. 编写程序模拟交通信号灯的切换 程序实现交通信号灯的切换功能。程序界面如图 22 - 2 所示，程序功能为：程序运行后，信号灯 1（红灯）亮。单击"切换"按钮，信号灯 2（绿灯）亮；再单击"切换"按钮，信号灯 3（黄灯）亮；依此三种颜色信号灯循环点亮。

三个信号灯使用了 3 个 ico 图标（也可以用其它类型图片），由实验课老师提供。

程序控件基本属性如下表 22 - 2。

图 22 - 2 程序界面

表 22 - 2 程序控件及属性

控件	属性	设置值
图像框 1	Picture	D：\ 素材库 \ 1. ico
	Name	Image1
图像框 2	Picture	D：\ 素材库 \ 2. ico
	Name	Image2
图像框 2	Picture	D：\ 素材 \ 3. ico
	Name	Image3
命令按钮 1	Caption	"切换信号灯'
	Name	Command1
命令按钮 2	Caption	"程序结束'
	Name	Command2

程序参考代码：

```
Private Sub Command1_ Click（）
If Image1. Visible = True Then
Image1. Visible = False
Image2. Visible = True
ElseIf Image2. Visible = True Then
Image2. Visible = False
Image3. Visible = True
Else
Image3. Visible = False
```

```
Image1. Visible = True
End If
End Sub
Private Sub Command2_ Click ( )
End
End Sub
Private Sub Form_ Load ( )
Image2. Visible = False
Image3. Visible = False
End Sub
```

3. 设计一个 FOR 循环程序 在循环体中改变循环变量 I 的值，观察因循环变量改变，循环次数的变化情况。程序如下，程序运行后的界面显示如图 22 - 3 所示。

```
Private Sub Command1_ Click ( )
Dim i As Integer, j As Integer
For i = 1 To 20 Step 2
i = i + 3
j = j + 1
Print Spc (6); "第"; j; "次循环 i = "; i
Next i
Print Spc (6); "退出循环后 i = "; i
End Sub
```

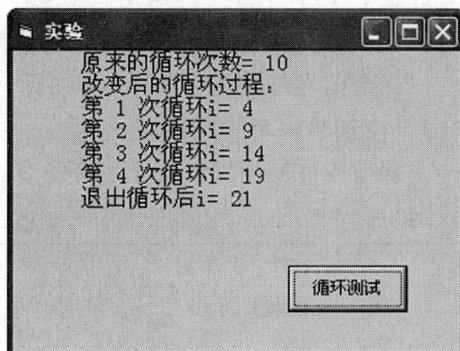

图 22 - 3 界面及运行结果

4. 若 A 的平方加 B 的平方等于 C 的平方 则 A、B、C 称为一组勾股数。编写程序，找出 50 以内所有的勾股数。按图 22 - 4 的输出界面设计程序。

说明：不要将重复数据打印出来，如"3 4 5"和"4 3 5"。

所有大于 50 的 A、B、C 都不要打印在其中。

如果不能实现上下行打印数据对齐也可以（如图 22 - 5 所示）。

注意每行打印 3 组数据。每行打印 1 组数据也可以。

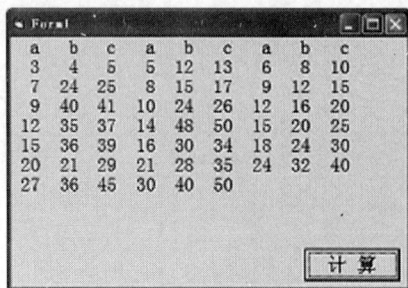

图 22 - 4 输出界面

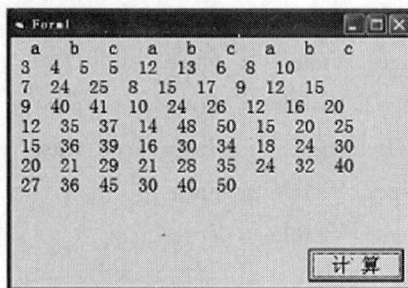

图 22 - 5 不能对齐

5. 运用循环程序编写一个打印 ASC 码对照表　其显示结果如图 22 - 6 所示。

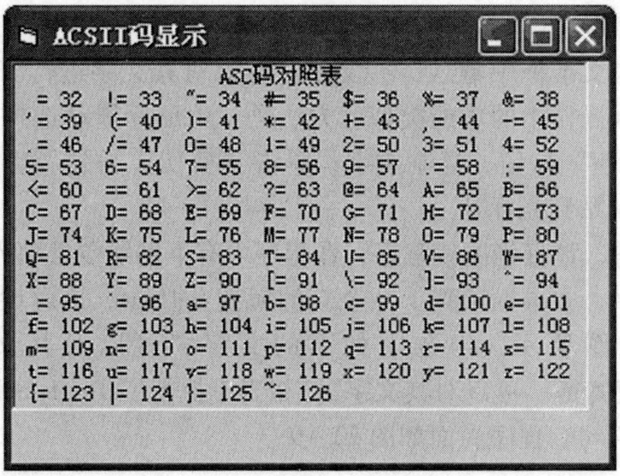

图 22 - 6　ASC 码对照表

6. 用双重循环打印九九乘法表　界面如图 22 - 7 所示，注意数据对齐。

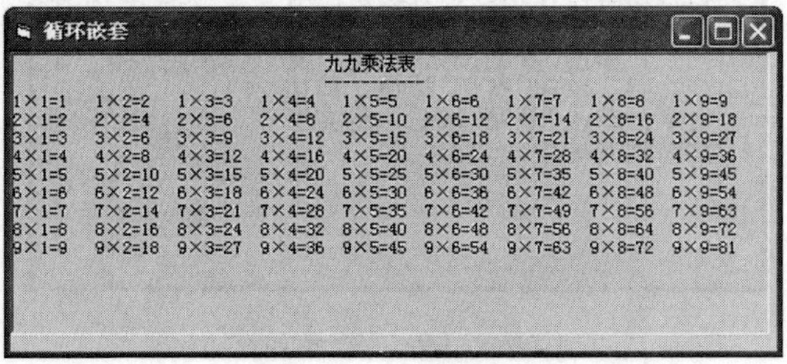

图 22 - 7　九九乘法表

7. 编程序在窗体上打印　输出图 22 - 8 所示图形。

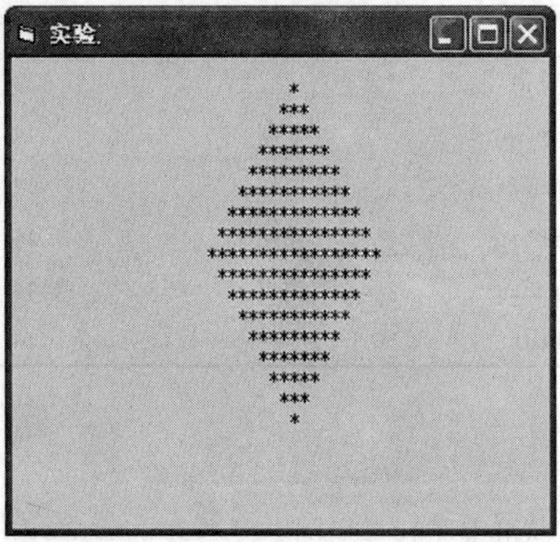

图 22 - 8　打印图形

8. 设计程序 程序窗口如图 22 - 9 所示，有一个文本框，4 个命令按钮。程序实现的功能如下。

程序运行后，在文本框中输入一些文字。可以对其文字进行剪切、复制和粘贴等操作，于在 Windows 操作中的功能类似。方法是：用鼠标拖动选择文字（呈高亮度反色），单击"复制按钮"按钮，复制文字；单击"剪切"按钮，剪切文字；单击"粘贴"按钮，将文字粘贴到光标处。

程序代码不完整，请仔细阅读程序，在程序中有下划线空处填入正确的代码。

说明：在程序中，文本框用到了一个新的属性 SelText，该属性表示文本框中被选择的文字内容。如图所示，当选中如下的文字"可以对其文字"后，此时的 Text1. SelText 属性值就是"可以对其文字"，相当于执行了 Text1. SelText = "可以对其文字"的赋值操作语句。程序界面如图 22 - 9。

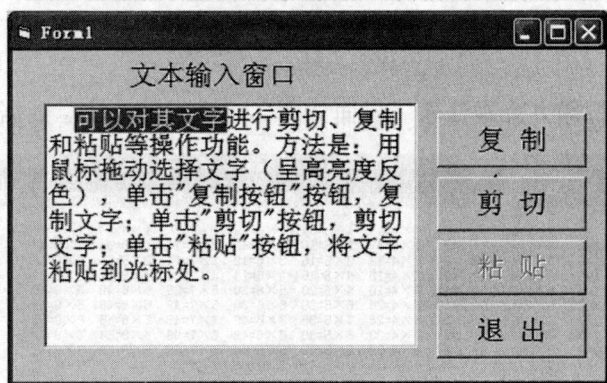

图 22 - 9 程序界面

主要控件基本属性如表 22 - 3。

表 22 - 3 控件基本属性

属性 控件名称	Name	Caption	Fontsize	MultiLine
Form1	Form1			
Command1	CmdCopy	复制	14	
Command2	CmdCut	剪切	14	
Command3	CmdPaste	粘贴	14	
Command4	CmdExit	退出	14	
Text1	Text1		14	True

程序代码：

```
Dim st As String
Private Sub cmdCopy_ Click （）
    st = Text1. SelText 将选中的内容存放到 st 变量中
```

End Sub

Private Sub cmdCut_ Click ( )

    st = Text1. SelText   将选中的内容存放到 st 变量中

    Text1. SelText =   将选中的内容清除，实现了剪切

    cmdCopy. Enabled = False   '剪切操作完成后，复制按钮应无效

    cmdCut. Enabled = _____ '剪切操作完成后，剪切按钮应？

    cmdPaste. Enabled = _____ '剪切操作完成后，粘贴按钮应？

End Sub

Private Sub cmdPaste_ Click ( )

    Text1. SelText = st   '将 st 变量中的内容插入到光标所在的位置，实现了

粘贴

End Sub

Private Sub cmdExit_ Click ( )

    End

End Sub

Private Sub Text1_ MouseMove （Button As Integer, Shift As Integer, X As Single, Y As

Single）

   If Text1. SelText < > " " Then

    cmdCut. Enabled = True'拖动鼠标选中要操作的文本后，剪切、复制按钮有效

    cmdCopy. Enabled = True

    cmdPaste. Enabled = False

   Else

    cmdCut. Enabled = False '当拖动鼠标未选中文本，剪切、复制按钮无效

    cmdCopy. Enabled = _____

    cmdPaste. Enabled = _____

   End If

End Sub

9. 实验阅览欣赏程序事例   上机实验时，
以下程序可以由实验指导老师给出。

（1）星座测试。 程序窗口界面如图 22 –
10 所示。

程序代码参考：

Private Sub Command1_ Click ( )

y1 = Val（Text1. Text）

d1 = Val（Text2. Text）

If d1 > 31 Then Exit Sub

Select Case y1

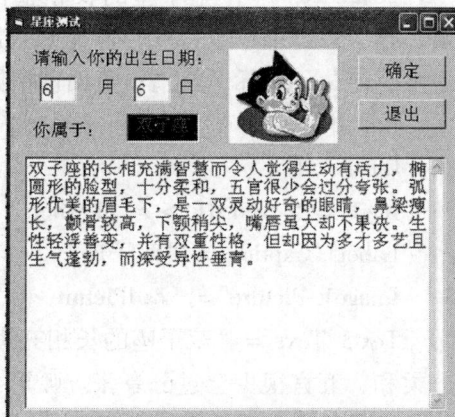

图 22 –10　程序界面

129

Case 3，4

If y1 ＝ 3 And d1 ＞＝ 21 Then

Label5. Caption ＝"白羊座"

Text3. Text ＝"白羊座给人精力旺盛和办事能力很强的印象，脸部特徵为轮廓深刻鲜明，额头和颧骨高耸，下巴结实有力，唇形紧闭。眉毛浓密，眼光锐利、直接，鼻子较长。性格善变、易怒；是个天生的斗士，身手矫健；在意中人面前会流露出孩子气。"

Image1. Picture ＝ LoadPicture （"d：\ 实验 \ 3. jpg"）

ElseIf y1 ＝ 3 And d1 ＜ 21 Then

Label5. Caption ＝"双鱼座"

Image1. Picture ＝ LoadPicture （"d：\ 实验 \ 2. jpg"）

Text3. Text ＝"双鱼座多半有浓密的棕色头发，而其温和、敏感的特质则全都显现在椭圆型的脸孔上。有弧形优美的额头、一双大而温润的眼睛、小巧的鼻子、丰满的双颊、尖型的下巴和充满感性的嘴唇以及优美的颈项，四肢匀称而纤细。"

End If

If y1 ＝ 4 And d1 ＜ ＝ 19 Then

Label5. Caption ＝"白羊座"

Image1. Picture ＝ LoadPicture （"d：\ 实验 \ 3. jpg"）

Text3. Text ＝"白羊座给人精力旺盛和办事能力很强的印象，脸部特徵为轮廓深刻鲜明，额头和颧骨高耸，下巴结实有力，唇形紧闭。眉毛浓密，眼光锐利、直接，鼻子较长。性格善变、易怒；是个天生的斗士，身手矫健；在意中人面前会流露出孩子气。"

ElseIf y1 ＝ 4 And d1 ＞ 19 Then

Label5. Caption ＝"金牛座"

Image1. Picture ＝ LoadPicture （"d：\ 实验 \ 4. jpg"）

Text3. Text ＝"金牛座的长相整体而言显得精壮结实，一头浓密的头发，眼光稳定，脖子像公牛一般粗壮，再配上坚定的嘴唇及下巴，看来世故而稳重。正面性格有耐性、持久、实际、热情；负面性格则有懒惰、贪婪、顽固。"

End If

Case 5，6

If y1 ＝ 5 And d1 ＞ ＝ 21 Then

Label5. Caption ＝"双子座"

Image1. Picture ＝ LoadPicture （"d：\ 实验 \ 5. jpg"）

Text3. Text ＝"双子座的长相充满智慧而令人觉得生动有活力，椭圆形的脸型，十分柔和，五官很少会过分夸张。弧形优美的眉毛下，是一双灵动好奇的眼睛，鼻梁瘦长，颧骨较高，下颚稍尖，嘴唇虽大却不果决。生性轻浮善变，并有双重性格，但却因为多才多艺且生气蓬勃，而深受异性垂青。"

ElseIf y1 ＝ 5 And d1 ＜ 21 Then

Label5. Caption ＝"金牛座"

Image1. Picture ＝ LoadPicture（"d：\ 实验 \ 4. jpg"）

Text3. Text ＝"金牛座的长相整体而言显得精壮结实，一头浓密的头发，眼光稳定，脖子像公牛一般粗壮，再配上坚定的嘴唇及下巴，看来世故而稳重。正面性格有耐性、持久、实际、热情；负面性格则有懒惰、贪婪、顽固。"

End If

If y1 ＝ 6 And d1 ＜ ＝ 20 Then

Label5. Caption ＝"双子座"

Image1. Picture ＝ LoadPicture（"d：\ 实验 \ 5. jpg"）

Text3. Text ＝"双子座的长相充满智慧而令人觉得生动有活力，椭圆形的脸型，十分柔和，五官很少会过分夸张。弧形优美的眉毛下，是一双灵动好奇的眼睛，鼻梁瘦长，颧骨较高，下颚稍尖，嘴唇虽大却不果决。生性轻浮善变，并有双重性格，但却因为多才多艺且生气蓬勃，而深受异性垂青。"

ElseIf y1 ＝ 6 And d1 ＞ 20 Then

Label5. Caption ＝"巨蟹座"

Image1. Picture ＝ LoadPicture（"d：\ 实验 \ 6. jpg"）

Text3. Text ＝"巨蟹座的标准性格为坚贞与毅力，脸型圆圆的、肉肉的，眉头经常深锁，因而有明显的纹路，可充份看出其忧郁的天性。眼睛充满感情，狮子鼻、嘴角略微下垂，粗短的颈子和圆圆的下巴给人善解人意的母性的感觉"

End If

Case 7, 8

If y1 ＝ 7 And d1 ＞ ＝ 22 Then

Label5. Caption ＝"狮子座"

Image1. Picture ＝ LoadPicture（"d：\ 实验 \ 7. jpg"）

Text3. Text ＝"狮子座的前额宽广，眉骨突出，鹰钩鼻，下巴线条清楚，嘴型宽而坚毅，整张脸孔给人的第一个印象是蕴涵着力量，特别是他的双眼总是炯然有神，透露着坚忍不拔的神情，庄重而高贵的态度，俨然有王者之风。"

ElseIf y1 ＝ 7 And d1 ＜ 22 Then

Label5. Caption ＝"巨蟹座"

Image1. Picture ＝ LoadPicture（"d：\ 实验 \ 6. jpg"）

Text3. Text ＝"巨蟹座的标准性格为坚贞与毅力，脸型圆圆的、肉肉的，眉头经常深锁，因而有明显的纹路，可充份看出其忧郁的天性。眼睛充满感情，狮子鼻、嘴角略微下垂，粗短的颈子和圆圆的下巴给人善解人意的母性的感觉"

End If

If y1 ＝ 8 And d1 ＜ ＝ 22 Then

Label5. Caption ＝"狮子座"

Image1. Picture = LoadPicture（"d：\ 实验 \ 7. jpg"）

Text3. Text ="狮子座的前额宽广，眉骨突出，鹰钩鼻，下巴线条清楚，嘴型宽而坚毅，整张脸孔给人的第一个印象是蕴涵着力量，特别是他的双眼总是炯然有神，透露着坚忍不拔的神情，庄重而高贵的态度，俨然有王者之风。"

ElseIf y1 = 8 And d1 > 22 Then

Label5. Caption ="处女座"

Image1. Picture = LoadPicture（"d：\ 实验 \ 8. jpg"）

Text3. Text ="处女座的人看起来乾乾净净、伶俐过人，拥有一双眼神柔和且观察入微的眼睛，嘴型优美，下颚宽阔，整体而言，散发着清新而高雅的气质。喜欢批评他人。"

End If

Case 9，10

If y1 = 9 And d1 > = 23 Then

Label5. Caption ="天秤座"

Image1. Picture = LoadPicture（"d：\ 实验 \ 9. jpg"）

Text3. Text ="天秤座大多目光柔和、鼻子略尖、嘴巴宽阔但唇型优美，头发柔而细软，颈部线条优雅，五官细致，整体长相给人协调的印象。"

ElseIf y1 = 9 And d1 < 23 Then

Label5. Caption ="处女座"

Image1. Picture = LoadPicture（"d：\ 实验 \ 8. jpg"）

Text3. Text ="处女座的人看起来乾乾净净、伶俐过人，拥有一双眼神柔和且观察入微的眼睛，嘴型优美，下颚宽阔，整体而言，散发着清新而高雅的气质。喜欢批评他人。"

End If

If y1 = 10 And d1 < = 22 Then

Label5. Caption ="天秤座"

Image1. Picture = LoadPicture（"d：\ 实验 \ 9. jpg"）

Text3. Text =" 天秤座大多目光柔和、鼻子略尖、嘴巴宽阔但唇型优美，头发柔而细软，颈部线条优雅，五官细致，整体长相给人协调的印象。"

ElseIf y1 = 10 And d1 > 22 Then

Label5. Caption ="天蝎座"

Image1. Picture = LoadPicture（"d：\ 实验 \ 10. jpg"）

Text3. Text ="天蝎座天生由於皮肤颜色比较黑，因而凸显出眼光特别锐利、明亮。他们的额头宽阔，眉毛粗浓，颧骨平坦而多肉，嘴型明显而看来坚毅，下巴则坚硬、有力。整体而言，其长相容易给人精力旺盛、果决、热情的印象。"

End If

Case 11，12

If y1 = 11 And d1 > = 22 Then

Label5. Caption = "射手座"

Image1. Picture = LoadPicture（"d：\ 实验 \ 11. jpg"）

Text3. Text = "射手座的眼睛灵活生动而有神，鼻子具有希腊鼻直而长的特徵，唇型优美，下巴较尖，圆的脸上五官精致，头发鬈曲浓密，气质高贵不凡。思想开明且能兼容并蓄，但有时则不够圆滑和喜欢渲染夸大，充分表现出极不传统的射手座性格。"

ElseIf y1 = 11 And d1 < 22 Then

Label5. Caption = "天蝎座"

Image1. Picture = LoadPicture（"d：\ 实验 \ 10. jpg"）

Text3. Text = "天蝎座天生由於皮肤颜色比较黑，因而凸显出眼光特别锐利、明亮。他们的额头宽阔，眉毛粗浓，颧骨平坦而多肉，嘴型明显而看来坚毅，下巴则坚硬、有力。整体而言，其长相容易给人精力旺盛、果决、热情的印象。"

End If

If y1 = 12 And d1 < = 21 Then

Label5. Caption = "射手座"

Image1. Picture = LoadPicture（"d：\ 实验 \ 11. jpg"）

Text3. Text = "射手座的眼睛灵活生动而有神，鼻子具有希腊鼻直而长的特徵，唇型优美，下巴较尖，圆的脸上五官精致，头发鬈曲浓密，气质高贵不凡。思想开明且能兼容并蓄，但有时则不够圆滑和喜欢渲染夸大，充分表现出极不传统的射手座性格。"

ElseIf y1 = 12 And d1 > 21 Then

Label5. Caption = "摩羯座"

Image1. Picture = LoadPicture（"d：\ 实验 \ 12. jpg"）

Text3. Text = "摩羯座额头上的皱纹、蹙紧的浓眉及锐利的眼神，使他看来严肃而略显阴沉，令人有难以亲近的印象。"

End If

Case 1, 2

If y1 = 1 And d1 > = 20 Then

Label5. Caption = "水瓶座"

Image1. Picture = LoadPicture（"d：\ 实验 \ 1. jpg"）

Text3. Text = "水瓶座大多有着一双灵动的眼睛，高耸的鼻子和面积不小的嘴唇下颚线条柔和，略呈圆形，外表综合来说堪堪称得上是英俊美丽，却并不特别突出。生性悲天悯人，富有改革精神及高贵的情操，可惜有缺乏热情的缺点。"

ElseIf y1 = 1 And d1 < 20 Then

Label5. Caption = "摩羯座"

Image1. Picture = LoadPicture（"d：\ 实验 \ 12. jpg"）

Text3. Text ＝"摩羯座额头上的皱纹、蹙紧的浓眉及锐利的眼神，使他看来严肃而略显阴沉，令人有难以亲近的印象。"

End If

If y1 ＝ 2 And d1 ＜ ＝ 18 Then

Label5. Caption ＝"水瓶座"

Image1. Picture ＝ LoadPicture（"d：\ 实验 \ 1. jpg"）

Text3. Text ＝"水瓶座大多有着一双灵动的眼睛，高耸的鼻子和面积不小的嘴唇下颚线条柔和，略呈圆形，外表综合来说堪堪称得上是英俊美丽，却并不特别突出。生性悲天悯人，富有改革精神及高贵的情操，可惜有缺乏热情的缺点。"

ElseIf y1 ＝ 2 And d1 ＞ 18 Then

Label5. Caption ＝"双鱼座"

Image1. Picture ＝ LoadPicture（"d：\ 实验 \ 2. jpg"）

Text3. Text ＝"双鱼座多半有浓密的棕色头发，而其温和、敏感的特质则全都显现在椭圆型的脸孔上。有弧形优美的额头、一双大而温润的眼睛、小巧的鼻子、丰满的双颊、尖型的下巴和充满感性的嘴唇以及优美的颈项，四肢匀称而纤细。"

End If

Case Else

Label5. Caption ＝"月不对"

Text3. Text ＝""

Image1. Picture ＝ LoadPicture（""）

Text1. SetFocus

End Select

Text1. SetFocus

End Sub

Private Sub Command2＿ Click（）

End

End Sub

Private Sub Form＿ Load（）

Text1. Text ＝""

Text2. Text ＝""

Text3. Text ＝""

Label5. Caption ＝""

End Sub

Private Sub Text1＿ Change（）

Label5. Caption ＝""

Text3. Text ＝""

Image1. Picture ＝ LoadPicture（""）

End Sub

Private Sub Text2_ Change （ ）

Label5. Caption ＝ " "

Text3. Text ＝ " "

Image1. Picture ＝ LoadPicture （ " " ）

（2） 该程序为一个游戏，玩家选择游戏方法，"比大" 和 "小"。程序将随机产生两张不同花色的牌，根据玩家选择的游戏，从而显示不同的结果。

程序界面如图 22 – 11 所示：

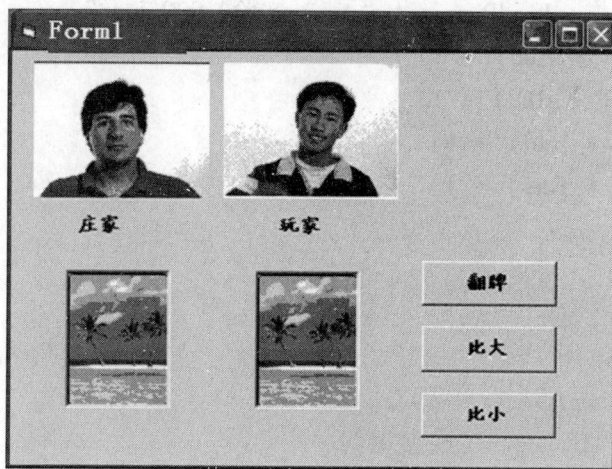

图 22 – 11　程序设置

主要控件属性如表 22 – 4。

表 22 – 4　汉字字型表

属性 控件	Caption	borderstyle	Autosize	font
Form1				
Picture1		0 – None	True	
Picture2		0 – None	True	
Picture3		1 – Fixed single	True	
Picture4		1 – Fixed single	True	
Label1	庄家			楷体 5 号
Label2	玩家			楷体 5 号
Lable3				楷体 5 号
Command1	翻牌			
Command2	比大		*	
Command3	比小			

程序代码如下：

Dim a，b，c，d As Integer

```
Dim ch1 $ , ch2 $
Private Sub Command1_ Click ( )
Command2. Enabled = True
Command3. Enabled = True
Randomize
Picture1. Picture = LoadPicture ( "d: \ 实验 \ 211. bmp")
Picture2. Picture = LoadPicture ( "d: \ 实验 \ 201. bmp")
Picture3. Picture = LoadPicture ( "d: \ 实验 \ 000. bmp")
Picture4. Picture = LoadPicture ( "d: \ 实验 \ 000. bmp")
a = Int ( (13 * Rnd) + 1)
b = Int ( (13 * Rnd) + 1)
c = Int ( (4 * Rnd) + 1)
d = Int ( (4 * Rnd) + 1)
Select Case c
Case 1
ch1 = "s"
Case 2
ch1 = "h"
Case 3
ch1 = "d"
Case 4
ch1 = "c"
End Select
Select Case d
Case 1
ch2 = "s"
Case 2
ch2 = "h"
Case 3
ch2 = "d"
Case 4
ch2 = "c"
End Select
End Sub
Private Sub Command2_ Click ( )
If a > = b Then
Command3. Enabled = False
```

Picture3. Picture = LoadPicture （"d：\ 实验 \" & ch1 & a & ". bmp"）

Picture4. Picture = LoadPicture （"d：\ 实验 \" & ch2 & b & ". bmp"）

Picture1. Picture = LoadPicture （"d：\ 实验 \ 212. bmp"）

Picture2. Picture = LoadPicture （"d：\ 实验 \ 203. bmp"）

Label3. Caption = "庄家赢了!"

Else

Command3. Enabled = False

Picture3. Picture = LoadPicture （"d：\ 实验 \" & ch1 & a & ". bmp"）

Picture4. Picture = LoadPicture （"d：\ 实验 \" & ch2 & b & ". bmp"）

Picture1. Picture = LoadPicture （"d：\ 实验 \ 213. bmp"）

Picture2. Picture = LoadPicture （"d：\ 实验 \ 202. bmp"）

Label3. Caption = "恭喜玩家赢了!"

End If

End Sub

Private Sub Command3_ Click （）

If a ＜ = b Then

Command2. Enabled = False

Picture3. Picture = LoadPicture （"d：\ 实验 \ h" & a & ". bmp"）

Picture4. Picture = LoadPicture （"d：\ 实验 \ h" & b & ". bmp"）

Picture1. Picture = LoadPicture （"d：\ 实验 \ 212. bmp"）

Picture2. Picture = LoadPicture （"d：\ 实验 \ 203. bmp"）

Label3. Caption = "庄家赢了!"

Else

Command2. Enabled = False

Picture3. Picture = LoadPicture （"d：\ 实验 \ h" & a & ". bmp"）

Picture4. Picture = LoadPicture （"d：\ 实验 \ h" & b & ". bmp"）

Picture1. Picture = LoadPicture （"d：\ 实验 \ 213. bmp"）

Picture2. Picture = LoadPicture （"d：\ 实验 \ 202. bmp"）

Label3. Caption = "恭喜玩家赢了!"

End If

End Sub

Private Sub Form_ Load （）

Picture1. Picture = LoadPicture （"d：\ 实验 \ 211. bmp"）

Picture2. Picture = LoadPicture （"d：\ 实验 \ 201. bmp"）

Picture3. Picture = LoadPicture （"d：\ 实验 \ 000. bmp"）

Picture4. Picture = LoadPicture （"d：\ 实验 \ 000. bmp"）

End Sub

实验二十三　VB 控件程序设计

【实验目的】

（1）学习了解 VB 中主要常用控件的基本概念、基本用途。

（2）熟练掌握控件的基本属性和设置方法。

（3）学习并熟悉掌握它们的在程序设计中的基本使用方法。

（4）结合前面学习的程序三种基本结构，配合使用控件编写更高质量的程序代码。

（5）实验文件保存位置为："D：\ 练习 \ 学号姓名"文件夹中。

【实验内容】

1. 计数器设计　在 Form1 窗体中有一个文本框、两个命令按钮和一个计时器。程序功能是在运行程序时候，单击"开始计数"按钮，开始计数，每隔 1 秒，文本框数值加 1；单击"停止计数"按钮，则停止计数，如图 23－1 所示。

注意，命令按钮为控件数组。要求适当修改控件的属性，把程序中的？改为正确内容，实现以上的计数功能。

图 23－1　计数器设计

该程序是不完整的，请在有下划线号的地方填入正确代码内容。

```
Private Sub Cmd1_ Click （）

_____

End Sub
Private Sub Cmd2_ Click （）

_____

End Sub
Private Sub Form_ Load （）
Timer1. Interval ＝ 1000
End Sub
Private Sub Timer1_ Timer （）
Text1. Text ＝ Val （Text1. Text） ＋ 1
End Sub
```

2. 在名称为 Form1 的窗体上画一个图片框　名称为 Picture1、一个垂直滚动条（名称为 VScroll1）和一个命令按钮（名称为 Command1，标题为"设置属性"），通过属性窗口在图片框中装入一个图形（可以选择任意的图片文件装入），图片框的宽度与图形的宽度相同，图片框的高度任意（如图 23－2 所示）。编写适当的事件过程，使程

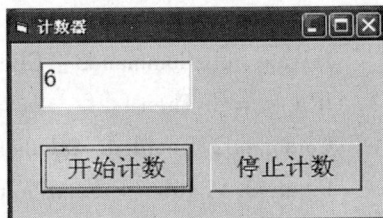

序运行后，命令按钮，则设置滚动条的属性：Min = 100；Max = 2400；LargeChange = 200；SmallChange = 20，之后就可以通过移动滚动条上的滚动块来放大或缩小图片框的高度。运行后的窗体如图 23 – 2、图 23 – 3 所示。

　　该程序是不完整的，请在有下划线号的地方填入正确代码内容。

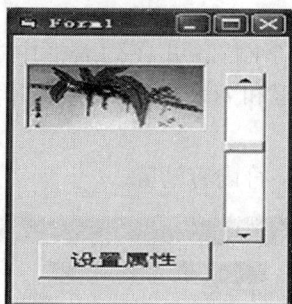

图 23 – 2　运行后 1　　　　　　　　图 23 – 3　运行后 2

Private Sub Command1_ Click（）
VScroll1. Max = _____：VScroll1. Min = _____
VScroll1. _____ = 200：_____. SmallChange = 20
End Sub
Private Sub VScroll1_ Change（）
Picture1. Height = VScroll1. Value
End Sub

　　3. 在 Form1 窗体中画三个标签　　名称分别为 B1、B2、L1，标题分别为"字号"、"字体"、"计算机等级考试"，其中 L1 的高为 500，宽为 3000；再在 B1、B2 标签的下面画两个组合框，名称分别为 Cb1、Cb2，并为 Cb1 添加项目："10"、"20"、"30"，为 Cb2 添加项目："黑体"、"隶书"、"宋体"，以上请在设计时实现。编写 Cb1、Cb2 两个组合框事件过程，使在运行时，当在 Cb1 中选一个字号、在 Cb2 中选一个字体，标签 L1 中的文字变为选定的字号和字体。如图 23 – 4 所示。

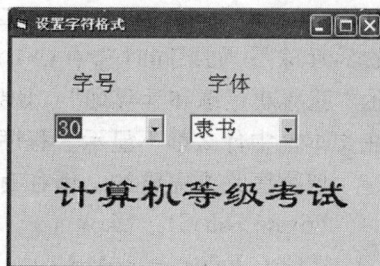

图 23 – 4　设置字符格式

　　该程序是不完整的，请在有下划线号的地方填入正确代码内容。
Private Sub Cb1_ Click（）
L1. FontSize = Cb1. Text
End Sub
Private Sub Cb2_ Click（）

_____

End Sub

4. 在窗体上画一个文本框 名称为 Text1；一个列表框，名称为 L1；三个命令按钮。通过"属性"窗口向列表框中添加 4 个项目，分别为"早上好"、"中午好"、"下午好"和"晚上好"。编写适当的事件过程，要求程序运行后，实现以下功能：

（1）在文本框中输入一个字符串如姓名"李刚"，如图 23 – 5 所示，单击"添加"按钮，则把文本框中的字符串添加到列表框中。

（2）在文本框中输入一个字符串如姓名"李刚"，并在列表框中选择一个字符项目。单击"组合"按钮，则把文本框中的字符串和列表框中的字符组合在一起，显示在文本框中。如图 23 – 5 所示。

（3）单击"清除"按钮，则把文本框中的字符内容清除。

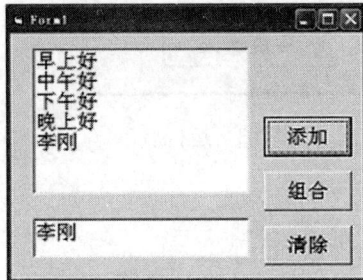

图 23 – 5　添加字符列表　　　图 23 – 6　文本字符号列表字符组合

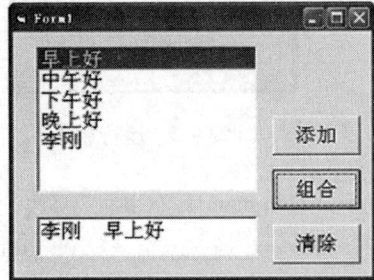

5. 窗体上有一个名为 Text1 的文本框 两个复选框，名称分别为 Ch1 和 Ch2，标题分别为"足球"和"乒乓球"；一个名称为 C1，标题为"确定"命令按钮。

要求程序运行后，如果只选中 Ch1，单击"确定"命令按钮，则在文本框中显示"我喜欢足球"；如果只选中 Ch2，单击"确定"命令按钮，则在文本框中显示"我喜欢乒乓球"；如果同时选中 Ch1 和 Ch2，然后单击"确定"命令按钮，则在文本框中显示"我喜欢足球和乒乓球"；如果 Ch1 和 Ch2 都不选，然后单击"确定"命令按钮，则在文本框中什么都不显示。程序运行界面如图 23 – 7 所示。

该程序是不完整的，请在有下划线号的地方填入正确代码内容。

```
Private Sub C1_ Click ( )
If Ch1. Value = 1 And _____ Then
Text1. Text = "我喜欢足球"
ElseIf _____ And Ch1. Value = 0 Then
Text1. Text = "我喜欢乒乓球"
_____ Ch1. Value = 1 And Ch2. Value =
1 Then
Text1. Text = "我喜欢足球和乒乓球"
Else
Text1. Text = ""
_____
End Sub
```

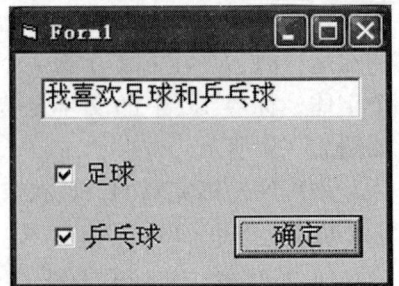

图 23 – 7　程序运行界面

6. 不完整程序　描述如下：窗口中有一个名称为 Picture1 的图片框，一个名称为 HScroll1 的滚动条，3 个命令按钮，名称分别为 Command1，Command2 和 Command3，标题分别为"运行"、"暂停"和"结束"，一个计时器控件，名称为 Timer1。程序运行后，单击"运行"按钮后，使小球围绕大球转动，并可以使用滚动条调节转动的速度；单击"暂停"按钮后，暂停小球的转动；按"结束"按钮结束程序。程序运行界面如图 23 - 8 所示。

该程序是不完整的，请在有下划线号的地方填入正确内容。

Option Explicit

Dim c As Single，r As Single '小球到大球的球心的距离，C 为小球的角度．

Dim x As Single，y As Single 'X，Y 为小球移动时的圆心

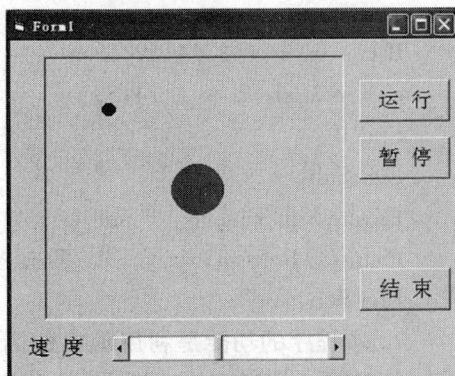

图 23 - 8　程序运行界面

Dim st As Single

Private Sub Command1_ Click（）

Timer1. Enabled =_____

End Sub

Private Sub Command2_ Click（）

Timer1. Enabled =_____

End Sub

Private Sub Command3_ Click（）

_____

End Sub

Private Sub Form_ Load（）

r = 20

c = 0

st = 0. 063

HScroll1. Min = 1　　　　　设置最小值

HScroll1. Max = 100　　　　设置最大值

End Sub

Private Sub HScroll1_ Change（）

Timer1. Interval = 200 - HScroll1. Value

根据滚动条的数值设置时间间隔，速度越快，间隔越小

End Sub

Private Sub Picture1_ Paint（）

Picture1. FillColor = &HFF&

Picture1. ForeColor = &HFF&

```
Picture1. Circle (0, 0), 4
x = Cos (c) * r
y = Sin (c) * r
Picture1. FillColor = &HFF0000
Picture1. ForeColor = &HFF0000
Picture1. Circle (x, y), 1
c = c + st
If c > = 2 * 3. 14159 Then
c = c Mod (2 * 3. 14159)
End If
End Sub
Private Sub Timer1_ Timer ()
Picture1. Refresh            重画图片框
End Sub
```

7. 本程序的功能是利用随机数函数模拟投币效果 方法是：每次随机产生一个0或1的整数，相当于一次投币，1代表正面，0代表反面。在窗体上有三个文本框，名称分别是 Text1、Text2、Text3，分别用于显示用户输入投币总次数、出现正面的次数和出现反面的次数，如图23-9所示。程序运行后，在文本框 Text1 中输入总次数，然后单击"开始"按钮，按照输入的次数模拟投币，分别统计出现正面、反面的次数，并显示结果。以下是实现上述功能的程序。

该程序是不完整的，请在有下划线号的地方填入正确内容。

图23-9 模拟投币

```
Private Sub Command1_ Click ()
Randomize
n = Val (Text1. Text)
n1 = 0
n2 = 0
For i = 1 To n
r = Int (Rnd * 2)
If r = 1 Then

_____

Else
n2 = n2 + 1
End If
Next
Text2. Text = _____
Text3. Text = _____
End Sub
```

8. 程序功能是在文本框 text1、text2、text3 输入三角形的三个边长　当单击"计算"按钮（Command1）时，计算三角形的面积。三角形面积在 Label6 中显示。如果输入的三个数，不能构成三角形，则通过 MsgBox 函数给出"无法构成三角形"的提示信息，对话框标题为"输入错误"，对话框按钮样式为"确定"按钮。程序正常运行时的界面如图 23－10 所示。（注：构成三角形的条件是：任意两边之和大于第三边）。

该程序是不完整的，请在有下划线号的地方填入正确内容。

Private Sub Command1_ Click（）　　′计算面积

Dim a As Single，b As Single，c As Single，s As Single

Dim x As Single

a = ＿＿＿＿＿＿＿＿＿

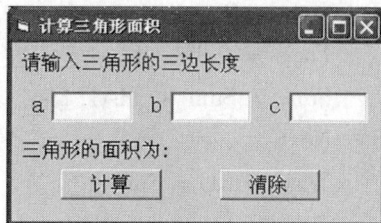

图 23－10　程序运行界面

b = Val（Text2. Text）

c = Val（Text3. Text）

If a + b > c and a + c > b and ＿＿＿＿＿＿ Then

x = （a + b + c）／2

s = Sqr（x * （x － a）* （x － b）* （x － c））

label6. caption = ＿＿＿＿＿＿＿＿

Else

MsgBox"无法构成三角形"，vbOKOnly + vbCritical，"输入错误"

End If

End Sub

Private Sub Command2_ Click（）′清除

txt1. Text = ""

txt2. Text = ""

txt2. Text = ""

Label6. Caption = ""

End Sub

9. 窗体设计　有一个名称为 List1 的列表框，一个名称为 Text1 的文本框，一个名称为 Label1、Caption 属性为"Sum"的标签，一个名称为 Command1、标题为"计算"的命令按钮。程序运行后，将把 1～100 之间能够被 7 整除、但不能被 5 整除的数添加到列表框。如果单击"计算"按钮，则对 List1 中的数进行累加求和，并在文本框中显示计算结果，如图 23－11 所示。以下是实现上述功能的程序。

该程序是不完整的，请在有下划线号的地方填入正确内容。

Private Sub ＿＿＿＿＿＿＿＿

For i = 1 To 100

If i Mod 7 = 0 And i Mod 5 < > 0 Then

```
List1. AddItem i
End If
Next
End Sub
Private Sub Command1_ Click ( )
Sum = 0
For i = 0 To _____
Sum = Sum + List1. List ( i )
Next
Text1. Text = Sum
End Sub
```

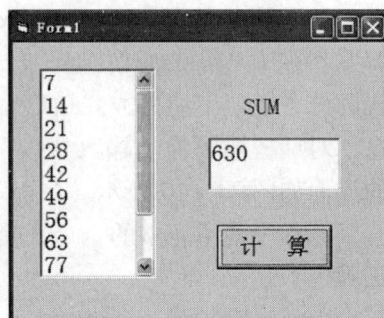

图 23 – 11　计算结果

10. 在名称为 Form1 的窗体上画一个标签　标签名称为 Label1，标题为"输入信息"、一个文本框（名称为 Text1，Text 属性为空白）和二个命令按钮（名称为 Cmd1、Cmd2，标题为"显示"和恢复），如图 23 – 12 所示。然后编写二个令按钮的 Click 事件过程。程序运行后，在文本框中输入内容如"计算机考试"，如图 23 – 13 所示，然后单击命令按钮，则标签和文本框消失，并在窗体上显示文本框中的内容，如图 23 – 14 所示；再单击"恢复"按钮后，窗口恢复到初始状态，图 23 – 12 所示。

程序步完整，请再程序相应位置补充填写完整程序代码。

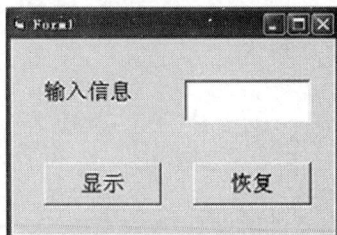

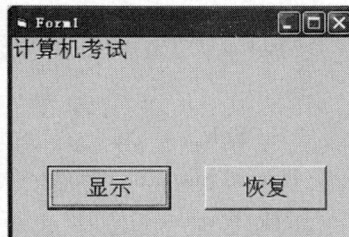

图 23 – 12　三个命令按钮　　　图 23 – 13　输入　　　图 23 – 14　窗口恢复

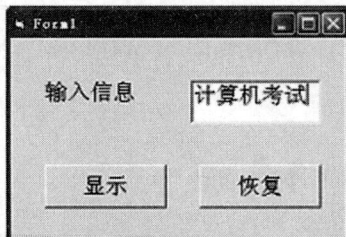

```
Private Sub _____
Print Text1. Text
Label1. Visible = False
Text1. Visible = False
End Sub
Private Sub Cmd2_ Click ( )
Label1. Visible = _____
Text1. Visible = _____
Text1. Text   = _____
Cls
End Sub
```

144

11. 实验阅览欣赏程序事例

（1）程序窗口界面如图23－15所示，有一个名称为Command1，标题为"读取字型"的命令按钮，一个名称为Combo1的下拉组合框和一个提示标签Label1。该程序实现的功能是：程序运行后，单击命令按钮，程序将读取系统中的所有字体名称，列表显示在组合框中。

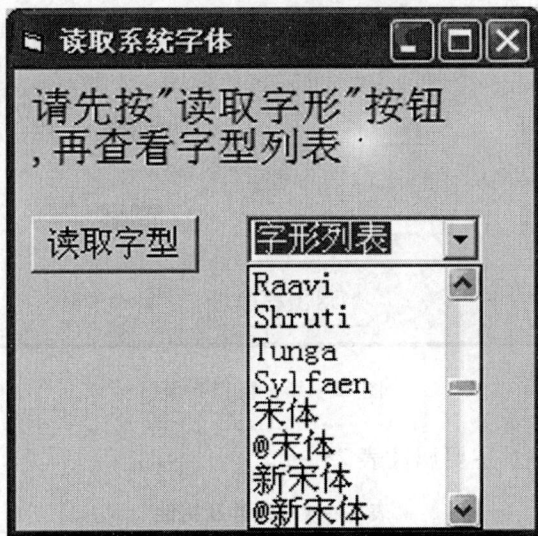

图23－15 程序窗口

程序代码如下"

```
Private Sub Command1_ Click（）
Dim I As Long
For I = 0 To Screen. FontCount － 1
Combo1. AddItem Screen. Fonts（I）
Next
End Sub
```

（2）下面是一个调色板应用程序。程序运行后，窗口界面如图23－16所示，实现功能如下：

选择"背景颜色"单选按钮后，改变三个水平滚动条的值，可以调整Label1标签中文字的背景颜色；选择"文字颜色"单选按钮后，改变三个水平滚动条的值，可以调整Label1标签中文字"调制颜色"4个字的颜色。

在调制颜色的过程中三个文本框将随着滚动条的数值的变化而改变颜色的深浅色，紧接在后面的三个标签将显示出颜色改变的具体数值。

Label1标签中文字的背景颜色和文字颜色（前景色）将是下面3种颜色值的组合效果。

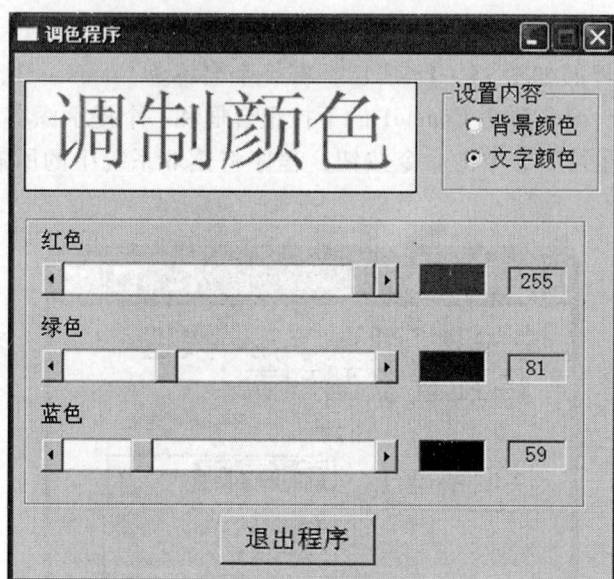

图 23 - 16　窗口界面

程序中使用的控件及主要属性表 23 - 1。

表 23 - 1　控件及属性

控件	属性	设置值
form1	name	frmMain
	Caption	调色程序
label1	nanme	lblTexto
	Caption	调制颜色
label2	nanme	lblRojo
	Caption	
label3	nanme	lblVerde
	Caption	
label4	nanme	lblAzul
	Caption	
label5	nanme	label5
	Caption	红色
label6	nanme	label6
	Caption	绿色
label7	nanme	label7
	Caption	蓝色
Frame1	nanme	Frame1
	Caption	设置内容

续表

控件	属性	设置值
Frame2	nanme	Frame2
command1	nanme	cmdSalir
	Caption	退出程序
text1	nanme	txtRojo
text2	nanme	txtVerde
text3	nanme	txtAzul
Option1	nanme	optFondo
	Caption	背景颜色
Option2	nanme	optTexto
	Caption	文本颜色

程序参考代码:

```
Option Explicit
Private mFondoRojo          As Integer
Private mFondoVerde         As Integer
Private mFondoAzul          As Integer
Private mTextoRojo          As Integer
Private mTextoVerde         As Integer
Private mTextoAzul          As Integer
Private mValorRojo          As Integer
Private mValorVerde         As Integer
Private mValorAzul          As Integer
Private mValorColorTexto    As Long
Private mValorColorFondo    As Long
Private Sub cmdSalir_ Click ( )
     Unload Me
End Sub
Private Sub FrmMain_ Load ( )
On Error GoTo errorHandler
Me. ScaleMode = vbPixels
Me. Top = (Screen. Height − Me. Height) / 2
Me. Left = (Screen. Width − Me. Width) / 2
hscrRojo. Min = 0
hscrRojo. Max = 255
hscrVerde. Min = 0
hscrVerde. Max = 255
```

```
hscrAzul. Min = 0
hscrAzul. Max = 255
hscrRojo. SmallChange = 1
hscrRojo. LargeChange = 20
hscrVerde. SmallChange = 1
hscrVerde. LargeChange = 20
hscrAzul. SmallChange = 1
hscrAzul. LargeChange = 20
txtRojo. BackColor = RGB (hscrRojo. Value, 0, 0)
txtVerde. BackColor = RGB (0, hscrVerde. Value, 0)
txtAzul. BackColor = RGB (0, 0, hscrAzul. Value)
lblRojo. Caption = hscrRojo. Value
lblVerde. Caption = hscrVerde. Value
lblAzul. Caption = hscrAzul. Value
mValorRojo = hscrRojo. Value
mValorVerde = hscrVerde. Value
mValorAzul = hscrAzul. Value
mValorColorTexto = RGB (mValorRojo, mValorVerde, mValorAzul)
mValorColorFondo = RGB (255, 255, 255)
mFondoRojo = 255
mFondoVerde = 255
mFondoAzul = 255
mTextoRojo = 0
mTextoRojo = 0
mTextoRojo = 0
optTexto. Value = True
Exit Sub
errorHandler：
MsgBox "Error en frmMain. Form_ Load ; " & Err. Number & vbCrLf & _
Err. Description
End Sub
Private Sub hscrAzul_ Change ()
On Error GoTo errorHandler
mValorAzul = hscrAzul. Value
lblAzul. Caption = hscrAzul. Value
txtAzul. BackColor = RGB (0, 0, hscrAzul. Value)
If optTexto = True Then
```

```
mTextoAzul = hscrAzul. Value
lblTexto. ForeColor = RGB (mTextoRojo, mTextoVerde, mTextoAzul)
Else
mFondoAzul = hscrAzul. Value
lblTexto. BackColor = RGB (mFondoRojo, mFondoVerde, mFondoAzul)
End If
Exit Sub
errorHandler：
MsgBox "Error en frmMain. hscrAzul_ Change；" & Err. Number & vbCrLf & _
Err. Description
End Sub
Private Sub hscrRojo_ Change ()
On Error GoTo errorHandler
mValorRojo = hscrRojo. Value
lblRojo. Caption = hscrRojo. Value
txtRojo. BackColor = RGB (hscrRojo. Value, 0, 0)
If optTexto = True Then
mTextoRojo = hscrRojo. Value
lblTexto. ForeColor = RGB (mTextoRojo, mTextoVerde, mTextoAzul)
Else
mFondoRojo = hscrRojo. Value
lblTexto. BackColor = RGB (mFondoRojo, mFondoVerde, mFondoAzul)
End If
Exit Sub
errorHandler：
MsgBox "Error en frmMain. hscrRojo_ Change；" & Err. Number & vbCrLf & _
Err. Description
End Sub
Private Sub hscrVerde_ Change ()
On Error GoTo errorHandler
mValorVerde = hscrVerde. Value
lblVerde. Caption = hscrVerde. Value
txtVerde. BackColor = RGB (0, hscrVerde. Value, 0)
If optTexto = True Then
mTextoVerde = hscrVerde. Value
lblTexto. ForeColor = RGB (mTextoRojo, mTextoVerde, mTextoAzul)
Else
```

```
    mFondoVerde = hscrVerde. Value
    lblTexto. BackColor = RGB (mFondoRojo, mFondoVerde, mFondoAzul)
    End If
    Exit Sub
errorHandler:
    MsgBox "Error en frmMain. hscrVerde_ Change ; " & Err. Number & vbCrLf & _
    Err. Description
End Sub
Private Sub mnuFileExit_ Click ()
    Unload Me
End Sub
Private Sub optFondo_ Click ()
    hscrRojo. Value = mFondoRojo
    hscrVerde. Value = mFondoVerde
    hscrAzul. Value = mFondoAzul
End Sub
Private Sub optTexto_ Click ()
    hscrRojo. Value = mTextoRojo
    hscrVerde. Value = mTextoVerde
    hscrAzul. Value = mTextoAzul
End Sub
```